U0121352

大展好書 好書大展

大展好書 好書大展

超經營新智慧 13

服務·所以成功

中谷彰宏／著
陳蒼杰／譯

大展出版社有限公司

序——解約有其理由

遭到顧客解約時，其衝擊令人無法接受。

本來事先已約定好，所以才婉拒其他客人。

由於遭到解約，而失去獲利的機會。

有時客人向商家訂貨，卻沒來取走。

由於如此，會讓人覺得「太過分」而心中不悅。

但是，在當時如何去思考，對於服務精神有著密切的關係。

會解約的客人，必然有其理由。

曾經發生這樣的例子。

由於接到客人的訂單，商家在忙碌中配合客人指定的日子如期完成蛋糕。但是，指定當天，客人並未前來拿蛋糕。

接到訂單的商家，因——

「在這麼忙碌當中，特別撥出時間做出來。」的不滿而覺得鬱卒。

如果你是這家商店的負責人，會如何處理呢？

這家商店負責人必然有客人的聯絡處，所以用不悅的語氣打電話給客人。

「已經做好蛋糕，就在等你來取走。」

其實，那位客人的孩子在當天，因為交通事故而被送到醫院急救，正面臨生死邊緣的嚴重狀態。

如果你在這種情形下，還會說著：

「對不起，你在我這兒訂一份生日蛋糕，待會兒我會把蛋糕送過去，請準備好現金付帳。」

如此採取行動。

或許，這是特別的狀況。並不一定經常會發生這樣的事情。

但是，請各位別忘記，說不定預約的客人因為某種事情耽擱而無法前來。

由於如此，不能嚴厲地告訴對方：「請付帳吧！」

其實客人只是不想說出理由罷了。
你有你的人生，客人也有他的人生。
客人，才不會將他的人生一切交待得清清楚楚。
但是，你為了避免讓公司虧錢，總是賣命地工作。
說不定，如此一來傷了客人的心。請思考服務人員或身為一個人，有些事情可以做，而有些事情不能做。
只不過是客人忘記來取貨。
另一方面，也必須想到說不定對方家人正遭逢交通事故而瀕臨死亡邊緣。

必須思考客人解約有其理由，而避免動怒。

目錄

第二章　把「交易對象」變成「參與對象」就能成功

第三章　改變服務，商品也會改變

第一章

以「服務」來區分一流與二流

服務之後，就說「任何人都做得到這種程度」

這是成功服務員的關鍵語。

認爲自己已經盡了全力去做，如果客戶未在契約書上蓋章，則任務就未完成。

其後再說一句話。

「普通商店，都會做到這種程度。但我們跟他們不一樣。」

然而接下來如何處理，就必須要好好思考。

通常，刊載在手冊上的事項，任何人都可以做到。

接著的事情，才能發揮個人的力量，而跟其他人截然不同。

因此而決定勝負。

但是，一般的服務員多半認爲服務到某種程度就算完成了。

「任何人都做得到這種程度。」

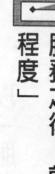

這句話不妨再說一次。

在路上表演販售的工作者，也常使用與此類似的語言。以爲到此就結束，但聽到銷售人員說：「任何人都做得到這種程度」時，客人就會想：「哦！那還有什麼呢？」

這也表示客人心中的要求：「還有新鮮事！」

比「任何人都做得到這種程度」更具服務精神的人，客人往往覺得他們——「這個人真好！」、「我要跟這個人買東西」。

1 現在馬上能做的事情

服務之後，就說：

「任何人都做得到這種程度。」

當客人詢問前往車站要多久時，如果回答：「二十 三十分鐘」，就不算回答

在某一大飯店附設餐廳裏詢問服務生：「這裏坐計程車到車站要花多久時間？」

當天，我預定傍晚七點三十分的新幹線。

餐廳服務生回答：「二十～三十分鐘。」

也許他本人認爲已做了回答，但這並不算回答。

如果抱持服務精神的人，會先回答：「二十～三十分鐘。」然後再到服務台詢問。

到火車站所需要的時間，櫃台往往最清楚。

因爲各個時段不同，且道路擁擠程度有別。

由於如此，就可得到：「今天如要搭乘傍晚七點三十分的火車，只要在×時×

分出發，則不論路況多麼擁擠，都可以趕得上。」的明確回答。

如果能到櫃台確認最好，而這位服務生卻以為「二十～三十分鐘」，就是完美的回答。

聽到「二十　三十分鐘」，會使客人心中覺得傍晚又下雨，加上正值熱鬧的日子，因此就多預估一點時間，而決定五十分鐘前出發。

由於如此，本來要喝咖啡、吃點心的念頭就取消而直接出發。

這表示該店失去了營業賺錢的機會。

如果服務生回答：「現在已經跟計程車司機聯絡過。」

如此一來，營業額必然會增加。

「我拜託櫃台聯絡計程車行的結果，得知現在路況並不擁擠，也未發生交通事故，所以七點出發即可在七點二十分抵達。」

得到這樣回答時，會使客人覺得：

「那麼，還有充裕的時間，可以好好地喝一杯咖啡及享用點心。」

就是感性造成賺錢的差距。

一流與二流服務的差距，會使營業額改變。

假定當場無法回答時，事後能持續追蹤服務的態度，才是真正的服務精神。

服務生也需確認客人是否買好車票。

如未買好車票的情況裏，以「車站的售票窗口擁擠，如果想要早點買到的話，必須利用……」等意見提供給客人參考。

由於仔細的追蹤服務，客人才能悠哉悠哉地做自己想做的事。

2 現在馬上能做的事情

如果被詢問到車站需要多少時間時，應依照當時狀況正確地傳達。

詢問點葡萄酒的客人「杯裝嗎？」的人，就沒資格當服務員

服務行爲，以無意中所進行的小細節最爲重要。

對於無意中所進行的小細節，能去發覺「有矛盾」，才是提高服務品質的感性。

在餐廳裏，客人點酒說：

「給我葡萄酒。」

然而，服務生卻問：「要杯裝嗎？」

雖然使用的語意很誠懇，但這種回答是對的嗎？是否很奇怪。

客人必然會問：「那麼還有什麼？」

即使餐廳裏的菜單全部寫得清清楚楚，但客人終究是客人。

如果菜單有A、B、C的分類，客人毫不考慮地說出：「我要A餐」，就表示對菜單相當了解。然而，客人並未看A、B、C餐的內容而直接點餐。

在這時候，「有杯裝、半瓶，以及全瓶，您要哪一種呢？」等等，將一切的選擇條件都提出來才對。

「給我葡萄酒。」

「要杯裝的嗎？」這樣的問法，對初次來的客人是不適當的。

就算是對待常客，也不應該如此回答。

若點餐的客人並無任何疑問時，服務生心中認爲這種客人可能要杯裝的葡萄酒，因此才問：「要杯裝的嗎？」

在未告知其他選擇條件之下，客人並不會爲了服務生不告知其他選擇條件而只問一句：「這樣就可以了嗎？」而生氣。

反倒是心中會產生一股被冷落的不舒服感。

現在馬上能做的事情 3

「A就可以嗎？」是不對的，而問「要A或B」才對。

一　飯店的水準可由委託預約外面餐廳的服務看出

我委託福岡海鷹休閒大飯店，打電話到預定第二天晚上要停泊的凱悅大飯店。

「明天晚上，請替我預訂河豚料理店。」

電話中我這樣說著。

結果，凱悅那一邊馬上問我：「預算多少？」

「嗯！預算不用擔心。只要好吃就可以。」

「那麼，我們這附近有一家『泉』的料理店。一人份四萬日幣，可以嗎？」

「好吧！我××時預訂兩個位子。」

「如果預訂好，會馬上就跟您聯絡。現在您住在哪裡？」

「現在住在海鷹大飯站的×號室。」

「好，我知道了。」

不久之後，回電來。

「中谷先生，很對不起，『泉』料理站客滿。」

由於如此，我通常的問法就是：「那麼，那裏還有什麼料理店呢？」

對方的人說：

「同等級的，又略勝一籌的『滿佐』料理店更接近大飯店。且價錢也差不多。所以我已經先替您預訂好了，這樣可以嗎？」

如不具有服務精神的人，在第一家店沒訂到時，就會連絡：「那怎麼辦呢？」「那麼，再找另外一家好了。」等到客人這麼說之後，才再去找其他的料理店，然後又打電話給住在另一家的客人說：「這一家料理店可以嗎？」而在客人說好之後，才訂下來，如此耗費好幾層功夫才達成客人的託付。

凱悅飯店的服務員，總是盡量簡化客人的服務，而「掌握機先去活動」。

當天，我到凱悅飯店辦理訂房登記時，看到飯店櫃台所給我的備忘錄。上面記載替我預約好的「滿佐」的地圖，以及一句傳言「持續一百年以上的老鋪。」

服務的差距就在此。

想去品嘗的餐廳，卻無法預約到時，難免會讓人覺得失望。

無法預約到的餐廳，客人愈想去，是人之常情。

預約到的第二家，會讓人產生第二級而有些遺憾。

此時，只加上一句「持續一百年以上的老鋪」的相關資訊，往往會產生「寄予期待」的心情。

其實，這一句傳言有沒有都無所謂。

如果服務精神不佳的人，「預約這家餐廳，這是地圖」就結束了。

但能寫出這一句傳言，就表示這位服務員有豐富的服務精神。

現在馬上能做的事情 4

對競爭對手的商家客人也要好好服務。

三公尺之差決定服務好壞

你是否想過自己的行動，會使客人的時間更縮短。

尤其 check out 的時間，拖延太久的話，會令客人印象破壞。

過去一直很順暢，但最後卻出了狀況，給人產生拖泥帶水的印象。、

其後，客人離開飯店坐上電車或飛機參加會議的時間變得很緊迫。

在時間緊迫的場合裏，付帳時間拖拖拉拉，讓人覺得這家飯店真差勁。

由於如此，過去的兩天一夜的服務全白費了。

要縮短時間，並非制度的問題，而是心態的問題。

並不是客人要求：「替我叫計程車」，才回答：「好，我知道」再去做，而是應該搶先客人的要求，主動說：「我已經替你叫好計程車了。」

這才是服務。

走到計程車站要坐計程車時，才發現右方能看得到的只有3公尺的差距而已，

但要如何縮短呢？

此時，客人可能自己走到計程車停靠的地方。

或者，侍者先問客人「到哪裏？」而先跑到計程車旁，向司機說：「拜託開到機場去。」

其差距就在此。

讓客人自己說：「到機場。」一點也不難。

但是，先由侍者迅速跑過去說：「拜託開到機場。」

你的客人對此會有不好的印象嗎？

當然客人有好印象才對。而且，計程車司機也有好印象。

由於如此，「這裏不錯。下次還要再來。」

5 現在馬上能做的事情

搶先服務三公尺。

服務好壞取決於如何迅速行動勝於做什麼

服務好壞，並非「做什麼」，而是「迅速行動」。

亦即從以公司爲中心，改以客人爲中心。

過去只服務「做什麼」爲主體。

以服務的那一方，認爲慢慢做也無所謂，只要完美就可以。

因此，即便客人有什麼要求，未達百分之百的完美就不提供給客人。

由於如此，客人才會跑掉。慢吞吞的服務，不管做得多麼完美，客人都不會滿足。

此意味客人要買時，就要買。

客人方便買時，就想買。

需要東西時，客人並不會要求百分之百的完美。

百分之百不如心中覺得「嗯！已經好了嗎？想不到這麼快就好了，謝謝！」來得高興。

並未要求「內容」。

這就跟物質不同之處。

「內容」的結果是物質。

而「快速」是服務誘人之處。

不是收到商品後，才聯絡客人說：「終於收到了。」

客人所要求的，無非是商家能逐一地報告其商品的現在狀況。

可是商家往往認為東西還未到達，而不敢聯絡客人或不加以理會。

報告現在狀況如何，並不需要花費任何成本。

買氣高的商品難以獲得，是理所當然的。

訂約之後，一直未做任何的聯絡，客人會覺得「跟那商家買東西，太失敗了。」

以後再也不想去那家買了。

認定某客人「以後不會再來買」，便捨棄的想法是大錯特錯。

決定「以後不再買」的客人，可能會向別人說：「我在某家買東西真差勁。以後你也不要去那裏買。」

也許那位客人到五年後才會來買。

但，那位客人周圍卻有很多「現在想購買的人」。因此，不要以爲某客人沒有購買意願而加以淘汰。

被認爲沒希望、淘汰的客人會覺得：「被冷落了」。

但，在這位客人身邊，卻有正在尋求商品的人。

必然有這種人存在。

常聽說：看到一隻蟑螂，其周圍有三十隻蟑螂。

蟑螂是兩星期產卵一次。

一次產卵三十隻。

此即看到一隻蟑螂就有三十隻蟑螂的根據。

申訴電話也是如此。

如果接到申訴電話一次，其實就有三十支申訴電話。

但是，只接到一次時，就認爲「只不過是一次申訴電話而已。」

但其實接到申訴電話，就意味未打電話者有二十九支，其周邊有可能發展的申訴電話就有一百支左右。

因此，不要以爲「只有一支，問題並不嚴重」而不加以重視，忽略了對客人的回應。

站在客人本位的人，會發覺：「在其他地方也可能發生相同的事」。認爲偶爾在那時表面化而已，因此接到客人的申訴電話，就要想：「其他地方也有類似的問題」而採取迅速、改善的策略，才是真正的服務。

迅速對應，才是最好的服務。

太慢的對應不是服務。

不管給予多麼完美的東西，都比不上快速。

6 現在馬上能做的事情

不要想做什麼，努力求快速才是重點。

用雙腳在店內探檢看看

你可能以爲每天都巡視店內各處即可。但是，每天所看到的卻愈來愈模糊。

請你將五感所經常感受到的店內之一切回想一下，接著依不同的部分確認看看。也請你將過去在店內所看到的種種，改變感覺看看。

例如：以雙腳在店內感覺一下。

店內的種種，可能都在腦海中。然而再進一步想看看，那一部分是地毯，那一部分是磁磚，那一部分是木板。這就是所謂依靠感覺來觀察。

用雙腳再一次在店內探檢一番，便可了解何處較滑。

或自己去扮演視覺障礙的人。

或扮演步行困難的老人。

那麼健康的人不會滑倒的地方也會滑倒。

在大飯店用雙腳試試看看，會發覺未潮濕也易滑倒的場所，穿皮靴或高跟鞋會滑倒的場所。也有使高跟鞋鞋跟易陷進去的部分。

試著去找找看有無那樣的場所。

這裏有不明顯的高低差距，所以容易受傷。

差距愈小愈易受傷。大的差距，大家總會留意，所以不易受傷。

牛排名店「和田門」，在每一階梯前端都裝上黃銅片。

其服務生每天都必須磨亮它。

目的並非保持乾淨，而是要提高情調，故意在幽暗的照明中使黃銅發光。

然而，最大的目的，就是爲了客人方便上階梯，才磨亮黃銅片。

黃銅發光，客人才不會踏錯了階梯。

此正表示工作人員依靠自己的腳底去感覺該處可能會跌倒。這就是憑感覺去探索。哪個地方有異樣，哪個地方不平，光用眼睛看很難發現。

現在馬上能做的事情 7

閉著眼睛在店內走看看。

有比為客人添茶更重要的服務

這是在某家旅館付款離開時所發生的事。

回程電車的時間已預定好了。但約定的計程車卻遲遲未來。

「請您在此等一下」，櫃台服務人員提供茶水請我等候一下。

我有點擔心，所以向櫃台詢問：「計程車爲何還不來呢?」

但得到的回答：「已經聯絡了。請您放心。再喝杯茶。」

我並不是需要「已經聯絡了，請您放心。」的回答。

我只是想對方再次打電話聯絡看看。

在焦慮狀態下，再送我一杯茶，我一點也不高興。

現在我所需要的，並非再添一杯茶。

即使之前在這家旅館受到多麼好的服務，如果在即將離開之際心中焦慮的話，則會留下「我到這家旅館很焦慮」的印象。

由於如此，「時間還綽綽有餘，可以買些土產」的心情也會消失。
並不只是換杯茶才是服務。
不要以爲再添杯茶，就服務周到。

8 現在馬上能做的事情

考慮提供茶水以外，還有什麼服務應該做的呢？

一流的商店，地位高的人反而會接電話

以爲電話的應對不太重要，而由最年輕的員工來當櫃台接電話，其商店只屬第二流。

最忙碌的店長，接洽一般電話（不具名），其商店才是一流的。

但是店長太忙了，怎麼可能一通一通地接呢？

其實電話應對才是大事情，能否對此問題付出心力，才是最要緊。

不管是誰接電話，人事費用都不會變動。

但是，店長親自接電話，對於年輕員工來說，可以從中得到「如何做好電話溝通」的職業訓練。

然而，一般都是在現場工作薪資最低的員工被安排接電話。

乍看之下，電話的應對似乎不太重要。

只是事務性質而已，有時有人會打電話申訴。

不管電話的應對如何恰當，都不可能受到客人的讚美。
同時，負責這種工作的人的姓名，客人也不會記下來。
但，對於這種工作也能提高意願，才是真正的服務精神。

現在馬上能做的事情 9

地位愈高，愈需要接電話。

只要有一個人欠缺服務精神，就會拖垮一流飯店

這是一流大飯店發生令人遺憾的事件。

我接受邀請參加婚禮，而急忙地坐計程車趕去。

在此場合到出發之前，往往會發覺身邊未攜帶紅包袋。

就是慶祝結婚的紅包袋已用完。

「在店裏買就好」——而到飯店裏購買。

飯店裏的商店是獨立經營的（租用）。

「對不起，我要買紅包袋。」

聽我這麼說，店員不出聲地指著放置紅包袋的櫃子。

其對應方法刹那間令我驚訝。

這就是一流飯店中所設置的商店。

飯店員工絕對不會不開口指著商品。

在此時，總會說：「紅包袋在這裏」而走過去拿。

但這家商店的店員，只是指一指，並沒有出聲。

「好奇怪。這個人可能不是飯店員工」我一面安慰自已，一面選擇紅包袋，然後說：「我要這種」而拿過去給他。

一般而言，店員會說：「你要寫字，筆就這裏。」而提供出來，但這位店員也沒有行動。

由於對方都不說話，我只好自己拿起擺在那裏的一枝筆。

「抱歉，借用一下。」

沒有人會在飯店購買下一次會用的紅包袋。

如果到便利商店購買紅包袋的話，就是以備用爲目的。

在飯店購買紅包袋的是，現在正要出席參加宴會的人而已。

因此，爲了寫名字，必須使用筆。

所以店員必須準備各種筆提供給客人用。

我拿筆要寫名字。卻完全寫不出來，因爲幾乎沒有墨水。

我認識一些飯店員工，所以預想到他們會採取什麼行動。

看到我在寫字，會說：「對不起，寫不出來。」

但這位店員連看都不看。

因此，不能期待他說這句話。

我心中覺得跟這個人講話，什麼都沒用。因此就多畫幾筆，才勉強寫完。

我將筆歸還後，心中認爲身爲客人的人應該告訴店員：這枝筆快沒有墨水，才比較有人情味。

因此就告訴他：「這枝筆，沒活力了。」

我期待對方告訴我：「對不起，謝謝你的提醒。」

但對方竟然「哈……」就結束了。

在飯店裏所承租的商店才會發生這樣的問題來。

充分熟悉這飯店內部的客人，當然知道這個人並非飯店員工。

但是，普通的客人會產生：「這飯店太爛」的印象。

如果您是今後想利用飯店舉辦婚禮的人，就會不考慮這家飯店。

可能連飯店總經理也未發覺這種情形。

我向朋友說：「經過是這樣，那家飯店好爛。」

結果我的朋友回答：「那家服務差相當有名。」

連服務差也有名氣。

因爲「冷淡而聞名」的店。

這問題應該會發現才行。

既然那麼有名，是否意味飯店的責任。

因不好而有名，飯店卻不採取行動。

其實，這是不可原諒的，但由於並非飯店員工，才沒有人過問。

假定跟你一起工作的員工當中，只有一個人有這種態度時，該如何呢？

另一方面，有人很認真推銷宴會的營業預約。

也有人認真從事料理的工作。

雖然如此，由於販賣紅包袋的商店店員缺乏服務精神，結果宴會的預約因此被取消。

大家都在賣命工作，卻只有一個人疏忽，客人就會跑光光。

關鍵就在於服務的差別。

客人跑光，並非全部員工都缺乏服務精神所造成的。大部分的員工都非常努力。只有其中二、三人認爲：「我自己一個人可以放鬆。其實我才不想被安排販賣紅包袋。」結果無法熱誠地從事販賣紅包袋的工作。因此稍微疏忽懶惰的結果，就在不知不覺中困擾一大堆的人。

10 現在馬上能做的事情

自己一些的疏忽，將使全體的形象惡化，這點要牢記。

一　全體員工都在口袋放擦玻璃布

東京凱悅飯店的走廊相當長。
在長廊下的途中，有個地方的玻璃污損。
一位員工馬上從口袋裏拿出抹布拭擦。
他並非負責打掃的工作。而是另一部門的員工。
他所拿出的，並非手帕，而是擦玻璃的抹布。
服務的差別就在此。
本來這位員工完全不需要做這種事情。
但，假定自己屬於那一部門的員工，口袋裏都放有擦玻璃的抹布，才是真正的服務員的風度。
口袋未放有擦玻璃的抹布，是不對的。
認爲擦玻璃是佣人或侍者的工作，自己是屬於不同的部門，因此視爲不是自己的工作的話，則此人已喪失服務員的資格。

誰發現，就誰去擦，才是真正的服務。

現在馬上能做的事情 11

即使不是掃除人員，也要備妥掃除用具。

所謂磨練服務精神，就是拓展一人的服務範圍

今後在店家工作的人，必須要擁有二個以上職場的複合職場制。

爲何人事費用會上漲這麼高？由於忙碌的部門與閒置的部門各因時段不同而異。沒有一天到晚都忙個不停的部門存在。

例如：以飯店的情形而言，廚房忙碌的時間，櫃台忙碌的時間，清潔員忙碌的時間，各不相同。

能登地區一流旅館加賀屋，人事負責人也兼土產店的工作。一人擁有二個以上的職場。以爲自己屬於人事課，因此，將料理端到客房的工作視爲並非自己的工作的想法，則人事費用必定不少。

從另一角度來看，人事費用的增加意味服務的範圍小。

由於人事費用過多，所以要裁員，人員減少以致於服務比較不周到，也就理所

當然了。

的。

尤其旅館最忙碌的時段，就是吃飯時間。

在進餐時間裏，將餐點趁熱端出來，冷盤趁涼端出來，光靠女侍者絕對是不夠

在此時，與該部門無關的人，也應全體總動員才行。

這就是複合職場制的構想。將自己的服務範圍擴大，才是磨練自己的服務精神。

現在馬上能做的事情 12

擴大自己的服務範圍。

一、如認為端出山珍海味即可，就沒資格服務

複合職場制的優點，並非只提供客人的料理、餐點趁熱送到就可以了。

例如：負責人事的人，能了解在土產店工作的人的心情才行。

由負責會計的人去端出晚餐料理，才能了解在職場中的活動情形如何。

如果侍者無法向客人敘述：「今天餐廳有怎樣的菜餚」的話，就表示侍者與餐廳沒有共識。

但，是客人對「現在餐廳有什麼好吃的東西」的問題，必然有興趣。

過去只有有錢人才能享受奢侈的地方。

但，現在任何人都可以去。

於是飯店業者往往會抱怨「最近客人的水準有夠低」。

用這種口氣，實在太傲慢了。

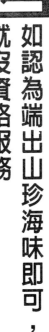

飯店業者，對於來到的客人，無論貧富，必須都以同樣的服務來招待才對。但卻未正視下面的一段話。

對於飯店常客與初次住飯店的人，都要一視同仁地服務周到。

雖然說：「一視同仁」，但並未具體行動。

「連這麼美味的食物都無法品嘗」，往往會產生如此的心態。

侍者端出高級的料理時，客人彼此交談：「這是什麼？」而一口氣就全部吞下去。

「唉呀！一口氣就吞下去，如此的美味怎麼可能品嘗得到？」

「這種客人並不需要高級的料理，只給荷包蛋就夠了。」這樣想就是傲慢。

認為只要提供美味的食物，就是對客人做最好的服務，這就大錯特錯了。

主動說明何者是美味的，客人才能好好品嘗美味的食物。

所謂的老顧客或初次光臨的客人，在無差別待遇之下讓他們去品嘗。

為了達成這個目的，應該對初次光臨的人具體地說明。

「這是××……，所以非常好吃！」

「用這種方式吃，才可品嘗到它的美味。」

「等會兒，我將呈現在烹飪前的材料。這是××～××。」

能夠聽到如此詳細的說明，客人就會覺得：

「這是生平第一次吃的東西，很珍貴。」

客人因此歡喜地品嘗。

但在未做任何的說明之下，認爲第一次來的客人……。

「唉呀！爲何一口氣就吞下去？一點都不懂得品味的人。」的判斷，可說就是歧視客人。

如果是老饕的客人，只要端出來即可，完全不需要說明。

但是，對於老饕的客人，必須視爲美食專家做特別的說明。

以爲對方是老饕，就不需要說明嗎？

這絕對不對。

也許不需要進行初步的說明，但進一步的說明還是有必要性。

侍者本身往往不具備這方面的知識，所以侍者應該請教主廚的人。

但侍者討教主廚，說不定會不高興。

假定被罵「這個你無需了解，不要多管閒事。」但侍者得不到知識，就無法做好服務。

因此只問一句：「這種料理是否應時前、盛產期、應時後」也可以。

一年三六五天，其實可分爲七二期（又稱爲七十二候，又以二十四節氣區分爲三期。農曆五日爲一候）。

同一時期不滿一週時間。

因此，時期轉變，其料理的味道就各不相同。

現在馬上能做的事情 13

配合客人，變化說明的內容。

是否曾經把客人分配到電梯旁的房間

我曾住過某都市的一流飯店。被帶到的房間，是位在電梯旁邊。當時我以為房間客滿才被分配到這裏，但事實上是未客滿的平日。

為何在未客滿的情形下，把我帶到電梯旁的房間呢？是不是很奇怪？

一進入房間後，雖然飯店經理親自送來贈品，但遺憾的是，他的誠意被抵消了。這是決定分配房間的帳房責任。帳房未加思考之下，就草率地分配房間。

整個晚上電梯都在上上下下，因此晚上四周平靜時，電梯的「蹦！蹦！」聲不斷地傳過來。由此可見，電梯旁的房間，不是好的房間。

從來沒有一位建築師會在電梯旁設置 Sweetroom。Sweetroom，必然設置在離電梯最遠的位置。或許同樣都是單人房，有並排好幾間的情形，但離電梯最遠的，才是最好的房間。

為了高齡步行困難的客人、坐輪椅的客人，或行動不自由的客人的便利性，往往會提供電梯旁的房間以作為備用。

這一類客人總是會突然來訪。電梯旁的房間，就是爲他們設計的特別房間。所以有必要保留備用，但未考慮這一點，就隨便分配給客人。

說不定並不是只有帳房不對而已。也許是清潔員要求盡量將分配的房間集中在一起，才不會浪費時間打掃。

可能帳房受到比自己資深的服務人員的要求，不得不接受「好！我知道。」

飯店並不是有空出來的房間，就隨便讓客人住。服務人員，絕對不能有房間距離太遠，服務麻煩的心態。以客人來說，安靜的房間才是最好的。

並非一流飯店，就服務一流。但沒有一流的服務，明天就會失去一流飯店的資格。

現在馬上能做的事情 14

不要因服務人員的方便，來分配客人的房間。

在喜宴上流淚的場面，如果後面廚房吵雜，就完蛋了

在飯店的房間裏，用耳朵四處聆聽。

不難發現：「這裏太吵了」的場所。

例如：婚禮上，隔壁的廚房裏大吵大鬧。

因爲工作人員將碗盤收回，正準備下一步驟而忙碌著。

完全未考慮現在婚禮進行到什麼程度。

在婚禮會場上正是最高潮之際……

由於新娘必須贈送花束給她的父母親，司儀以依依不捨的心情誘使會場上的人們流淚。母親流淚了。

新娘朗頌「母親謝謝您」的手札。

但是，在隔壁卻不斷傳來碗盤的碰撞聲。

在這種情形下，到剛才所提供的美味佳餚就不具意義了。
亦即，流淚肅靜的場面，受到碗盤噪音的干擾。
這意味根本忘記耳朵感覺的作法。
現在會場上靜悄悄的，因此，理當表示最後最精采的場面。
將店裏的一切用眼、鼻、手、腳底巡迴看看，再一次探險後，必然會有某種發現。
客人不斷會有新發現。
希望你能比客人更敏感。

15 現在馬上能做的事情

要留意是否打擾到隔壁房間在進行的活動。

二　所謂服務，就是讓客人今天上門感到賓至如歸

客人來貴旅館時，侍者說：「我帶你去房間」之前，跟客人寒暄的內容是什麼呢？

實際上幾乎沒有任何對話。

這時候，勝負已定。

客人所需要的並非帶領到房間裏去。

因爲房間自己去找即可。

爲何侍者總是說：「我帶你去房間」而帶領客人。是否旅館中的走廊太複雜了呢？

其實這並不重要。

在這當中，侍者必須做的事非常多。

至少可提出三個話題。

多半的侍者只是帶領客人看看緊急出口而已，但真正要做的事，並非只帶客人看出口而已。這是法律上規定的事項。

或者說明「大浴場在此」而走一走。

其實這只要觀察一下就可以知道，並不需要提供資訊。

一走進房間，第一次來的客人多半會閱讀簡介。

在簡介中，有關緊急出口或大浴場的位置都詳細地記載。

侍者傳達簡介外的訊息才是重要。

①現在，在餐廳裏能吃到應時的食物。

「今天晚餐會提供這道菜餚，這道菜必須嚐看看。它是真正應時的食物。」如此地傳達訊息。

如果設有餐廳的話，就要提供「現在我們餐廳會提供美味佳餚。這一道就是應時的食物。」

對客人而言，在各季節，當地何種東西最好吃並不知道。

應時的產物因地區不同而異。

即使今天晚餐預定要吃和食或西餐，但尚未決定到哪裏吃的話，這就是客人最想要知道的事。

那一家餐廳在哪裏，只看簡介即可知道。

但是「今天什麼東西最好」——「在簡介裏並未刊載的資訊」，服務人員必須傳達給客人。

「剛才主廚透露，今天有新鮮的好魚肉可吃。這道菜值得推薦」等等的訊息，若未傳達這些資訊，又何必讓侍者帶路呢？

客人可以自己拿著行李去找房間。

客人並非要求「菜色多一點」。

假定只能享用一道菜，若提供不吃這道菜就白來的美味佳餚就夠了。如未獲得資訊，那麼無論吃西餐或和食都不具有特別意義。因此，說不定客人不留在旅館吃而外食，亦即無法留住客人的心。

②今天，附近正舉辦的活動。

這也是客人不知道的訊息。

「今晚，在××海岸舉辦煙火大會」或「明天，在××寺廟舉辦祭典」，如此的資訊傳達，也只有侍者才做得到。

「現在在附近正舉辦採橘活動，明天就結束了。」或「到觀光果園採橘子，並不是要聞聞橘子的香味，而是要聞觀光果園的香味。」

由於如此，客人就會想「橘子的香味我知道，但果園的香味到底是什麼呢？必須去一趟才行」。

現在已經沒有客人談起到觀光果園採橘子，要花多少錢，可以採多少水果，或如何才能撈回本。

採橘子時，會想著告訴孩子有關橘子園的香味如何。

也想告訴孩子們如何採橘子的好方法。

該採何種橘子呢？哪一種較甜呢？其辨認方法也想了解。

一面帶路一面提供這些資訊。

③帶路的侍者本身，希望讓客人在旅館裏有何種體驗。

「既然您要兩天一夜，某件事您必須去體驗看看」等等傳達侍者本身要推薦的事項。

「請您好好嚐嚐」「請您必須看一看」如此的推薦，其侍者不同，所推薦的事項也就不同。
同時也因季節而異。
且每人有其個性。
每人的嗜好也不同。
各人各有其人生觀。

16 現在馬上能做的事情

將今天才能品嘗的美味佳餚，傳達給客人。

端出當季的菜餚，客人才會再度光臨

由於提供應時的資訊，客人才會再來，客人不再來，原因在於未讓客人有季節感。

這就是「當季的菜餚」的資訊，才讓人有季節感。

本來氣（節氣）一年有二十四次。

換言之，雖然一年舉辦二十四次，但其風格各不相同。

無法只去一次——「到那裏去。吃××東西。」就可以把一切玩遍。

況且一個節氣，具有開始、盛時、尾期三個階段。

侍者說：

「今天你必須要吃××。這是旺季的開始。」

提出諸如此類的話題。

即使提及下一周的話題，客人下一周會再來的情形很少。

但優秀的侍者所提供的資訊就不同。

「在三個月後，××開滿整片的大波斯橘。」

能這樣說，客人在心中難免會想在三個月後再來看看。

如果給予客人這樣的資訊，想從門口帶到客房當中好好傳達，勢必有些匆促。

即使刻意放慢腳步，也無法傳達所有的訊息。

進入客房之後，一面泡茶一面繼續介紹。但是，不具有服務精神的侍者，到客房裏，仍然保持沈默。彼此沈默以對，稍覺彆扭的客人自然會想趕快入房。

「緊急出口就在此」或「大浴場在那邊」，如此說說，就以爲招待很完美了。

這樣的帶法，根本就不必要。

只是浪費人事費用而已。

17 現在馬上能做的事情

無論食物或食物以外的種種，應該要介紹當季的訊息。

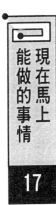

開放廚房讓客人來回看兩次，就是服務

在凱悅東京的紐約西餐廳是屬於開放式廚房。

從電梯走下來的客人，由服務台通過開放式廚房，向席桌方向走去。

由於在進餐之前先看過開放式廚房，因而提高食慾。

多半的客人，在進餐後，通過最接近出口而與開放式廚房的反方向的路線回去。

但是這樣的路線是對的嗎？不知何時已成爲一種習慣。

如果你是這家餐廳的服務員，該如何讓客人從哪一方向回去。

的確，走這種方向比較接近出口。但是，並非最接近的路線，就是最理想的路線。

對客人而言，覺得最享受的回去方法，就是再一次通過開放式廚房回去的路線。

由於如此，再一次目睹自己剛才吃過的料理究竟是怎樣被烹飪出來的。

現在正在烹調剛才吃過的同一種料理。

由於可以看到原來就是那樣的烹調法，才走回去，好像再一次品嘗那一道菜餚一般。客人很想把品嘗過一次的料理再吃幾次。

接待員千萬不要以從這裏較方便的想法帶路，這並非真正的帶法。

而是要考慮走何種路線，客人才會覺得更有趣的回法，才是服務精神。

如果是我，必然通過開放式廚房回去。我再一次走向入口處，一面觀看廚房，一面向廚師們搭訕說：「謝謝你們的款待。」

如果跟女性一起去時，我會跟對方說：「你看我們剛才吃的食物，是用××料理、××方法，烹調而成的。」

然後，和櫃台女性人員寒暄一番才回去。

能像這樣讓客人高興回去，才是最重要的事。而且也才是設立開放式廚房的真正目的。

另一種就是如何營造讓客人想要跟櫃台女性寒暄才回去的親切氣氛，才是道地的服務。

首先，帶領客人到餐桌前。

附帶一句話：「回去時，請再次通過開放式廚房回去。」

然而回去時，一面介紹開放式廚房，一面隨行，讓客人好好參觀。

由於紐約西餐廳外的景色絕佳，而且在開放式廚房工作的人看起來都很快樂，因而很想停下來欣賞一番。

「哦！原來那一道料理是這樣做出來的。」

各位都知道的TV「料理的鐵人」爲何那麼大受歡迎呢？

當工作人員創造美食之際，沒有比此使觀眾更吸引的娛樂。

「我們剛才吃過那道菜。」

「這道菜我還沒吃過。」

「下一次我要點那道菜。」

等如此想著。

18 現在馬上能做的事情

必須了解順路未必是最短路線。

聽講時，有服務精神的人會坐在前座

許多人來聽演講時，可依靠他坐的位子了解其服務精神。

飯店業界曾經舉辦過的演講會中，我所談及的話題之一，就是坐在後面的人不值得採用。

因為服務人員必須靠近客人身邊。

但是，養成每次都坐在後面的人，往往在客人來的時候，無法走向前去。自然而然地往後退。

在學校教室裏，不知不覺中養成坐在後面位置的習性，遇到事情就會浮出檯面。

這種習慣對服務員來說，實在太危險。

要徵選職員時，在大房間裏讓他們自由選擇位置坐，大體上可看出習慣性來。

對於坐在後面的人，放棄錄用的念頭較為明智。

如果坐在後面的理由是謙讓的話，只不過是推辭而已。

如果你是演講者，聽眾卻往後坐，你的感想會如何？坐前面位置，也是一種對談話者的服務精神。

現在馬上能做的事情

19

聽人講話時，盡量靠近對方。

為何客房沒有餐廳的菜單？

吃晚餐時，餐桌上擺放菜單是重要的。

我到餐廳時，詢問一起去的人的喜好後，再跟服務生一起決定菜單。

假定菜單是固定時，讓服務生說明，首先要吃什麼料理，接著吃什麼，其後吃什麼，等等今日的料理流程。

對客人來說，這種說明相當重要。

餐桌擺放菜單的理由，就是一面讓客人能把握料理的順序，一面品嘗美味。

進食也必須分配量的多寡，若前半部未加以控制，也該避免主菜出來之前吃飽的情形發生。此情形，在於只考慮到量之增加的旅館才容易發生。

雖然一盤料理的成本降低，但所吃的都是過量的食物。

這就是降低品質，而增加其量。

旅館的料理爲什麼如此的多量呢？這是現在客人最大的抗議。

雖然客人都反應量過多，但旅館依然打算從十二盤的料理量增加到十五盤。當然會產生反效果，而被客人厭棄。現在的客人們，寧願將前面幾道的菜餚吃剩下，而盡情享用自己喜歡吃的料理。因此，菜單絕對不可以缺少。

參加婚宴時，當天的菜單必須擺放在桌上。

這就是以書面提供資訊來取代口頭說明。

閱讀菜單，就可以知道其中的料理是什麼。這不只在進食才這樣做。

以女性的心理而言，進食前肚子必須先做好準備。

在做好肚子準備階段裏，已開始進行最初的品味。

如果在吃中餐時，了解今晚的菜單，就可以知道晚餐爲義大利麵，因此中餐就不會去選擇類似的餐點。

女招待要帶領客人去房間時，可以建議：

「今天晚餐會提供××，所以請你務必要品嘗看看。如果沒有食慾，其他的不吃也無所謂，但××一定要品嘗才行。」

可說到此等程度。這是讓客人享受所需要的資訊。

假定飯店有設置餐廳的話，本來餐廳菜單應該擺放在客房裏。

今天想在餐廳進餐時，只選擇西餐或和餐還不夠。設置擺放房間的和式、西式菜單，並不是客房服務用而已。如果備有「××餐廳可提供某種料理」的菜單的話，則客人就可以自己計劃今天或明天要吃什麼的三天兩夜之行程。

現在多半的旅館都是兩天一夜的客人，能讓客人想住兩夜的旅館，才具有服務精神。

如果對應只住一宿的客人，服務員的品質可能會愈來愈差。

兩天一夜與三天兩夜的服務水準完全不同。

三天兩夜的服務困難得多。因爲必須具有讓客人不感到乏味、厭煩，而舒服地放鬆心情的工夫才行。

兩天一夜的服務可依賴設備來彌補。但是爲了讓客人住三天兩夜，需要使其能享受三天兩夜的樂趣而不厭膩的服務方法。

現在馬上能做的事情 20

餐單擺放在店內以外的地方看看。

服務周到的人，會記得同事的姓名

門房與司機溝通，可以進行到何種程度呢？
侍者與司機溝通，又可以進行到何種程度呢？
侍者所需要做的重要工作，並不是只跟客人談話而已。和巴士司機、女導遊是否親切對談，才是最重要的。
為了要達成此目的，飯店工作人員團結在一起，因此彼此協調最重要。飯店裏不斷有新人或打工者進來。
至少飯店裏所有同事的臉孔、姓名要記得。
員工往往只被要求「要記住客人的臉孔及姓名」。
除此外，一起工作的同事姓名最好也記得。如此，才能加強團隊精神。
但是，跟自己部門無關的人很難記住。
認為記下來也無用，因為實際並無接觸，所以不重要，但這種心態是無法發揮服務精神。

要記住同事的姓名，才是服務的出發點。

21 現在馬上能做的事情

要記得同事的姓名。

下雨天弄乾客人鞋子，就是服務

有些飯店裏，傍晚會請擦鞋者將客人的鞋子擦亮，等到第二天早上才送回來。這是一流飯店都會進行的服務工作。

但在日本，有時弄乾鞋子比擦亮鞋子的服務更受歡迎。這是日本的季風氣候特徵。

客人在下雨天來到的時候，能使鞋子保持乾燥比擦亮鞋子更受歡迎。可是多半的飯店，卻只進行擦皮鞋的服務而已。

免費或收費服務都沒問題。

只在鞋裏放成團的報紙，其差別就全然不同。只是這種方法，第二天穿上鞋子的感覺就完全不同。

即使沒下雨，鞋子一天下來也會吸收一杯的汗水。

我住在飯店時，多半都把冷氣開到送風狀態，將風送到鞋子裏使其乾燥。只是如此，鞋子就可以保持舒適狀態。

22 現在馬上能做的事情

店裏要準備便利用品。

穿上鞋子那一瞬間，鞋子乾淨與否並不重要。

舒服不舒服才是重點。

應該沒有人不在乎再穿一次昨天穿過的襪子或內衣吧！

但是，鞋子卻幾乎每天都要穿。

並不是只注重外觀而已，使客人覺得舒服，才是必要的服務。

一流的服務員，在門前還有一道「心門」

一流飯店與二流飯店，尚有另一個差異。

一流飯店有兩道門。

是不是建物太大的原因呢？

並非如此。

其一爲「建物之門」，另一爲「心門」。

神戶有一家哈佛蘭·新大谷飯店。

請您不妨參觀其門口的部分。

請看門房如何迎送客人。

尤其送出客人的態度。

入口是順時鐘的環狀車道（圖1）。

圖 1

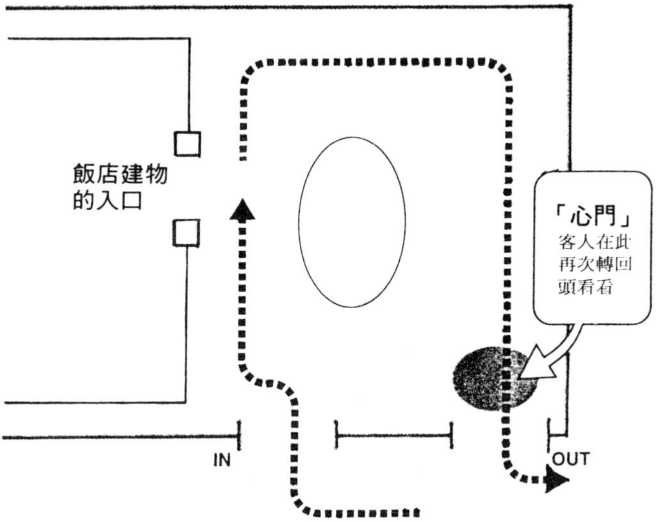

以時鐘來比喻，入口剛好在九點的位置。

從六點位置進入的計程車，剛好在九點位置載客人通過十二點與三點的位置，而從五點的位置出去。

查閱圖示，即可了解。

此時的門口，到底在哪兒？

建物之門設置在九點的位置。

二流的飯店，是客人從建物之門出去後就不加以理會。

可是，哈佛蘭・新大谷飯店卻充分利用這種構造來提高服務品質。

必須要繞一圈的環狀車道，車子須繞一圈，然後在5點的位置抵達車道的出口。

來此的客人必須再次看到入口。

在此，門房再次向客人鞠躬後，客人才出去。

這道門就是「心門」。

所以一切的店家都有兩道門。

即使您店家的玄關是多麼狹隘的空間，但是，別忘了建物之門的外側還有一道「心門」。

客人來時，也是一樣的道理。

客人來到時，首先一定看到前方之門。

假定其差距只有十公尺，也還有一道門。

意味在那個地點有存在「被迎接的心之門」。

由於心門存在與否，所以產生了二流與一流的差距。

想要節省人事費用，就無法顧慮這個問題。

只設置一道門確實比較方便。

能夠的話，連這一道門也廢除。

像商務飯店那樣，隨時讓客人進出房間最方便。

現在馬上能做的事情 23

在店門的外側設置「心門」。

其實客人所要求的並非建物之門如何。

不管建物之門是多麼的豪華，客人也不會認爲「這個門好壯觀」。

並不是對門產生感激，而是對門房感激。

進來時，心想「我又來了」；回去時，產生「我還會再來」的心情。

但是，很多人容易誤解，而覺得「我已把門建造得多麼豪華」「我的玄關多麼壯觀」「我的大廳多麼氣派」等等，只對建物設備投入力量而已。

但，是否設有迎送的心門。

未設置心門的商店何其多。

你的店裏有沒有「心門」。

不要讓機器能做的工作，奪走服務的能量

服務與人事費用之間的問題相當困難，請將你的工作再次回顧一番。是否能用機械去做的事項。

以旅館而言，人事費用最高而勞力又最多的，是從廚房把料理端到房間的工作。結果，旅館對於這種「搬運」的行爲，耗費大半的能量。所以結果對於提高服務方面，無法具有充分的能量。

由於疲憊不堪，對客人無法微笑以對。

送到房間裏，又把空盤子送回去，沒有比這工作更勞累的作業。

爲了節省人事費用，能登地區的加賀屋旅館，讓客人自己到餐廳進餐。到餐廳進餐比較節省人力的形態，是否愈來愈接近低水平飯店的模式呢？抑或是否飯店正朝向房間服務的當兒，而一流旅館卻往失敗的二流方向走嗎？

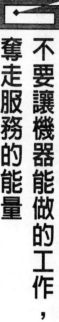

事實並非如此，爲了讓工作人員能保持對客人盡情充分服務的能量，機械能做的事情就讓機械去做。

機械能做的事情由人去做的話，客人也不會歡迎。

但有人認爲：「那些工作也應該由人去做才對。」

如果做那些工作之後仍有餘力去服務客人的話，就不妨去做。

但有此主張的人，只不過是討厭機械或討厭電腦才會這樣說。只執著於無法改變傳統的精神論的人，不能再保存對客人提供服務的最重要能量。

過去令侍者最耗費能量的工作，就是將來機器人也可以做的搬運工作。

去考慮機器人無法做到的工作，才是更重要的事。

例如：機器人無法寒暄。

哈佛蘭・新大谷飯店，是客人走出心門後，服務人員就會加以鞠躬。

多數停車場的出口都設置橫桿，舉高時機器便會發出「謝謝你」的聲音，但客人一點也不會感到高興。

如果機械能做的事情，由人來做的話，在建物之門口處送走客人之後，必須馬上跑到機械作業之處才行，否則就來不及。

在不增加人事費用之下，要提高服務有兩種方法。

其一就是機械化來削減能量。

另外，是不要有空閒的人存在。

「複合職場制」是避免因時段不同而有空閒的人產生。

雖然有人說人手不足，但有些地方卻人滿爲患。

空閒時間與尖峰時間各有差異。因此，有些部門人員多到沒事可做，但同一時段的其他部門卻陷入戰爭狀態，而因人手不足或人事費用不足的矛盾議論產生。

服務革命，就是爲了改善這種狀態。

24 現在馬上能做的事情

為了保存能量以進行服務，機械能做的事就讓機械去做。

重要的是成為一流的服務員，而非在一流的店工作

要成爲一流服務員，並不是就得在一流的店工作。

的確，在一流的店工作令人嚮往。這種原則該如何應用在你的人生中呢？

今後想從事服務的人們，都異口同聲說：「希望到一流的店工作。」

但這種想法是不對的。到一流的店工作，並非最終目標，能成爲一流的服務員才是重要。

一流店舖並非就是世界排名高、等級高、設備佳的意思。擁有一流的服務人員，才是一流的店。請您務必成爲一流的服務員。

一流的服務員具有感動的心。亦即感性敏銳。

能以一切的感覺去感受才是重要。

擁有能感動的服務人員之處，必然有客人喜歡來。

然而，必定會記下您的姓名或容貌。沒有比這個更快樂。

能給與感動的工作，才是最高的服務工作。爲了達成這個目的。必定會敏銳地感覺，爲了讓客人賓至如歸，服務人員總是戰戰兢兢以對。

由服務人員去照料客人，使其感動。能使客人感動，其疲勞就會消失無蹤。請趕快體會這種喜悅。

要了解照料客人種種事情，讓他們高興，才是最了不起的工作。

那麼，你必定可以成爲一流的服務員。並不需要做任何的努力。只要覺得有趣，更熱誠地去做，使他們得到感動，保持這樣的心情即可。

現在馬上能做的事情 25

成為一流的人員，使工作更加有趣。

第二章

把「交易對象」變成「參與對象」就能成功

把和顧客的關係從販售關係變成學習關係

顧客與你的關係，並非「賣方與買方」的販售關係。

所謂的服務，就是顧客與服務人員不成爲「學習關係」就不行。

首先，服務人員要向顧客學習。

學習顧客「是何種的生活模式」「要求什麼」「現在對何種事情覺得不便」。

「喔！原來如此，就是這麼回事。」能了解這種情況後，從現在自己能做的服務當中，去提供加以解決的方法。

不僅提供物品，還要提供你可以做的服務。

從自己本身可以做到的服務方法，而以「用這種方法」來解決問題的形態加以協助。

這並非是販售行爲。

因爲顧客並不需要推銷員。

現在馬上能做的事情 26

和顧客成為學習關係。

知道對方是推銷員時，根本不想跟他見面。
但是，並非拒絕要求家裏的客人。
有人要協助的話，當然會要他來協助。
顧客就是需要這種人。

服務是「合作」而非「交易」

不僅提供顧客好處，當然也要考慮對公司有利之處。經常聽到，的確這是很棒的訊息，但是如果這樣做的話，公司就會吃虧。

然而在那時候，有重要的思考重點。

現在想做的事情，是否指本身營業大事。

或者一年後的營業大事。

請思考到底屬於何者，這兩者並不相同。

對於這個月的營業是大事，但一年後可能會帶來負面的效果，例子也是不少。

也許不會直接影響本月的營業，但一年後必然會得到好結果的事情也不少。

「無法期待一年後的銷售效果，因此不想這樣做。」

如果這樣主張的話，結果將一直無法得到好效果。

十一個月前做到的事情，到下一個月才得到效果。

雖然說一年後，但持續做下去的話，十一個月前的結果，在下個月就會出現。

十一個月期間所進行的一切行動，都和下個月的結果有關。

雖然不能馬上得到結果，但結果出現時，和競爭對手的差距就已經不小了。

競爭對手絕對不是同業的公司，並不需要其他公司的競爭。

競爭對象也非顧客，要和顧客同處。

顧客要求的是伙伴。

那麼究竟要和顧客一起做什麼事？

並非和客人進行交易。

現在必須要意識改革，從和顧客交易的時代，轉變爲和顧客問題合作的時代。

「那麼，再加上這些做爲條件。」

「再降低分期付款利率。」

這些都是交易。

交易行爲無法和顧客心連心，所以不應該如此做。而要思考「現在顧客所擁有的問題是什麼？」

對於顧客所擁有「無論如何都要解決」的問題，一起合作解決。

「交易」與「合作」，全然不同。

一般都以「交易對象」來稱呼對方。

但這是不對的，使用「交易對象」這句話，意味當自己是贏家，對方就是輸家；當對方是贏家，自己就是輸家。

「請再繼續支持。」

這種說法，就是交易。

而要在顧客產生問題時，

「爲了解決這個問題，應該要怎麼辦才對。」

如此一起合作解決問題。

並非「交易對象」而是「合作對象」。

顧客和你，要不是雙方都失敗，就是雙方都成功。

顧客得到幸福，你也得到幸福。

顧客不幸，你自己也將不幸。

另一句「最佳的顧客」容易被解爲「不需要心力也會支持，購買能力大的顧客」。

其實，真正好的顧客，應該是「可得到滿足，成爲支持者，又得到喜悅的人」。

這才是真正的好顧客。

能認識好的顧客，

並不等於能得到購買商品的客人。

總而言之，得到喜悅的顧客，自然會購買許多商品。

現在馬上能做的事情 27

不和顧客進行交易，而和顧客合作。

泡沫經濟災害最大的是領取董事長獎的銀行分行

面對呆帳，任何一家銀行分行都頭痛。但是，最嚴重的分行，多半都是領取董事長獎的分行。對於勉強得來的業績，而領取董事長獎的分行，是最危險的分行。

此乃因爲金融業界未具有如何使客戶得到利益的想法使然。

依靠將商品提供客戶，客戶就能得到利益的心態，才能站在客戶的立場來進行服務。

客戶能獲得利益嗎？

客戶有什麼好處？

客戶的人生是否更快樂？

從推銷轉爲服務，亦即不要只顧及自己的利益，也要顧及客戶的利益。客戶得到利益，以長遠的眼光來看，客戶所得到的利益經過一段時間之後，便成爲你的利益。

這就是服務時代的特色。但是，只顧及自己利益而未考慮客戶的利益時，則其金融機構勢必瓦解。

證券公司倒閉，是因爲認爲即使客戶破產，也有其他客戶存在的想法引起的。

一味地想提高營業額，而得到更多手續費爲其營業形態。其原因並非泡沫經濟。

總之，呆帳的問題，也是未考慮客戶利益所造成的。

使客戶得到利益，並非自己利益就會損失。能造就客戶的利益，必定也能回饋到自己的利益，這才是服務社會的形態。

打麻將的場合裏，自己是贏家時，對方便是輸家；對方是贏家時，自己就是輸家，如此將輸贏移動而已。

但，服務與打麻將不同。服務化社會，並不是客戶和自己爲敵對的關係而爭取利益的意思。因此，客戶提議時，必須先考慮客戶的利益而犧牲自己的利益。

能如此檢討，接下來的行動，必然會有所改變。

28 現在馬上能做的事情

以客戶的利益為優先。

以營業成績受到表揚的是公司本位，而非顧客本位

為了使員工更充滿朝氣活力，必須積極鼓勵員工。

尤其，認為現在年輕人未加以鼓勵的話，就不會提高鬥志，因而設立表揚制度的公司不少。

此時，有些公司對於表揚者的選法不同。

一般而言，依靠業務員當月銷售量，或得到多少利益的圖表，來表揚銷售額度最高的人。

其實，這跟顧客無關。

眼前的業務員負責人一個月賣出多少商品，對客戶而言，有何意義呢？

其實完全無關。

說不定，某員工只出售商品，但對客戶追蹤服務卻完全忽視，因此才使推銷數目創下高紀錄。

29 現在馬上能做的事情

應該改變營業額競爭的風氣。

假定業績佳的業務員，很會辨別那位客戶會購買，那位客戶不買。那麼一發現某位客戶不買或可能會購買，但需要時間說服的話，就馬上加以放棄，而只是去尋找馬上就購買的客戶，致使業績提高的也說不定。

在這種情況下，對於可能會買，但需要時間說服的理由之下，被放棄的客戶而言，這種業務員便是不熱忱的服務員。

但是，如果表揚的基準，並非以客戶的利益著想的話，而以公司方面而言，這種員工卻受到表揚。

這種公司，不能稱爲客戶本位的公司。

由第二次按鈴，可看出服務精神

長久持續進行訪問販賣的人，能敏感察覺「客戶不在家」的現象。去訪問十次都不在家，因此可能認爲今天也不在。但是，說不定客戶在睡覺，因此第一次按鈴非常誠懇地按。

然而多半的業務員，第二次按鈴就顯得比較粗暴。叮噹！叮噹！叮噹一直鳴個不停。

從按鈴的方式，大概可以看出業務員的性格如何。以「唉呀！好累了，我特地來此，又不在。」的心態來按鈴，客人根本不想應門。如果出來應門，也會指責「別吵了，我要叫警察囉！」

依據第二次按鈴的態度，馬上可以判斷你是否具有顧客本位。「如果不在的話，我還是會再來。」的心態，而慎重再按一次鈴。「我特地來此，又不在。」如此不甘心地按鈴。

有人認為使商品說明的時間拖長，就愈能賣掉商品，其實不然。

在尚未談及商品買賣之前的按鈴方法，就可辨別是否站在顧客或者公司的立場，很分明的差別來。

30 現在馬上能做的事情

對於第二次按鈴的方式，特別要小心。

如果寫在估價單，即使打折也不算服務

當然打折是使客戶喜悅的方法之一。

但是，估價單的寫法恰當與否，其打折受歡迎的程度也較不同。

例如：交換機車。

在明細表中，記載「交換機車，〇元」，寧可寫成「交換機車，五千元」，將金錢部分寫爲「折扣」。

由於如此，才令人覺得「喜悅」。

但是，一般人往往會省略這道手續。

其實對客戶服務，這一點很重要。

不管打多少折扣，寫成〇元，客戶也完全不覺得有折扣。

賣方心中想著「犧牲太大」的服務，但客戶卻一點也不覺得受寵若驚。

我並不是說不需要打折這種方式。

然而往往打折的行爲未讓客戶感覺實在，充滿喜悅的情形較多。估價單的寫法恰當與否，其效果就有差異。

現在馬上能做的事情 31

如有折扣，應具體寫出。

一天打多次電話給競爭對手商店

我在某一旅館工會總會演講時，由於前來聽演講的人太少，所以我就詢問其原因，才知道大部分的人都溜到東京市區去逛街。

既然特地來東京，所以要多參觀的想法無可厚非。所以，總會舉辦演講的目的也是在於此。

不需要學習什麼，只想玩樂一番也可以。不管如何，未採取行動是不行的。去參觀什麼並不重要，先走到外面去逛逛才是重要。

旅館業者，往往最不了解其他旅館的情形。

可是客人總是根據廣告簡介來比較旅館，或到處旅行之後，才得到不少資訊。

然而，旅館業者，卻在自己的旅館前面雙手交叉於胸前來思考「為何客人不來」的問題。

連鄰近的旅館也不想觀摩，由於如此，才造成旅館逐漸沒落。

未曾觀察其他旅館，所以才被淘汰，是理所然之事。

請您想想看您的競爭業者。昨天，您打了幾次電話給競爭業者？

如果您質疑「爲何需要打電話給競爭對手呢？」那麼您就失去擔任服務員的資格。

可能會光臨您家商店的客人，現在搞不好已經到競爭對手的商店。

既然如此，爲何不想和競爭對手更多接觸呢？我並不是要你們對於現在到你競爭對手的客人說：「請您離開那家商店，而到我的店裏來。」

福岡地區可說是飯店激戰區。

在數年之間，福岡的飯店客房一口氣增加兩倍之多。

例如：現在三天兩夜到福岡旅行，一天在海鷹飯店過夜，另一夜則在凱悅渡過，才是最豪華的旅行行程。

兩家飯店，我都很喜歡。他們都是最好的競爭對手。

前些日子，第一夜住在海鷹飯店，第二夜住在凱悅飯店。

我從海鷹飯店打電話給凱悅飯店的服務人員。

「第二天晚上，請你替我預約河豚料理店。」

「我知道。預約好，馬上跟您聯絡。」

「謝謝你。如預約好，請打電話到海鷹休閒大飯店。」

能做這樣的服務，才是應該的。

海鷹飯店櫃台服務員，即使對於從凱悅飯店打電話到停宿在海鷹飯店的客人時，也不忌諱地傳達。

如果你是旅館服務人員，面對從競爭旅館打電話來找客人時，能否不忌諱地加以傳達？不能做到的旅館較多。多半的人都容易產生「爲何從競爭對手那邊打電話來呢？」的心態。這種感覺，不是顧客本位的想法。

所謂的競爭對手的概念，只不過是從事服務的你的自我本位想法而已。

對顧客來說，並沒有競爭對手，有的只是選擇條件不同罷了。

而選擇條件與競爭對手根本就不同。

現在馬上能做的事情 32

和競爭對手商店，頻繁保持聯絡。

你知道競爭對手店内的美味菜單嗎？

如果你是飯店業者。

住在你飯店的客人，表示晚餐想到你的競爭對手的餐廳用餐時，

「請你慢慢走」你會如此笑顏送客嗎？

你知道競爭對手店內，那一種料理最好吃嗎？

此時，若未具有競爭旅館、競爭飯店的相關資訊的話，就不能對客人充分服務。

因爲此資訊是客人所需要的。

並未硬性規定住在某家旅館的客人，就必須在某家飯店餐廳進餐。

反而，都會想多多體驗各種情況。

將住宿的飯店和進餐的餐廳加以分開，是客人真正的心理。客人最喜歡只住在某家飯店裹，就可以得到全市區的資訊。

無論問什麼都不知道的飯店，根本不想停留。

你所住的飯店能給予的資訊有多少呢？

現在旅館，總是拼命地增加晚餐的菜色數目。

這有不得不的理由。

旅行社方面提出的費用數字，在說明書裏刊載介紹的相片。爲了使相片引人注目，往往盡量增加菜色的數目。

不只預算減少，而且又要增加菜色，因此每一道料理就會偷工減料。

相片顯示的是豪華特餐，但實際上經驗過而冷靜思考：「我特地來此，只吃這些嗎？」而覺得失望。

雖然有十二盤菜，但覺得「很想吃」的料理連一個都沒有。

爲了招攬客人，會使他們想到某一家飯店，再次品嘗「美味佳餚」才是重要。

現在馬上能做的事情 33

要詳細了解競爭對手的人氣商品。

天氣預報也是早餐的菜單之一

所謂菜單，並非只是限於料理而已。

例如：也可以傳達早餐內容，包括米飯、蛋、烤魚、味噌湯等。

請你不妨住在客房單價最高的東京公園、凱悅飯店看看。

要求早餐送到客房來時，「今天的天氣預報」被放在餐車上。

對於想外出的客人，最高氣溫、最低氣溫、氣侯狀況等都是重要的資訊。

現在，飯店客房多半設有ＴＶ。住宿的客人，利用ＴＶ知道今日的天氣預報。或觀看新聞的天氣預報欄。

因爲這正是客人今天所必須採取行動的資訊。

依據雨天、晴天、或上午晴朗、下午下雨等的訊息，來考慮今天應該穿什麼樣的服裝外出。

或許下午本來想要外出，但趁著上午晴朗的機會外出，而改變原來計劃。

現在馬上能做的事情 34

在早餐裏附加今日的資訊。

「今日的天氣」，是早餐的正式菜單之一。

無論雨天或晴天，溫度高低並不重要。

但並不很重要的資訊，和烤魚或煎蛋同樣被一起放在餐桌上才是重要。

這種工作並不需要花費昂貴的成本。換言之，不需要花費成本的資訊，客人也會加以評估。當然不會從客人那裏收取費用。

不需要成本也無須出售價值的資訊，今後客人卻會要求。

可是，容易受到誤解的是，早餐的預算要在多少錢以內，因此只能提供多少的想法。要進食的早餐，只在廚房處理而已。但早餐菜單並非都在廚房裏準備，在廚房準備的只不過是早餐菜單的一部分。

所要附加「今日的天氣預報」的卡片，是在廚房以外應該製作的菜單。

是否做到這一點，其服務精神就和其他飯店有差別。

給顧客好處

雖然具有危機感，又覺得「必須要採取行動」，但爲何不能行動呢？

爲了具體行動，必須改變意識。

例如：有一位員工收到顧客的謝函。但是雙方尙未達成交易。

「你收到這麼多的謝函，根本沒有用，應該想辦法賣掉一台。」

只是如此催促，完全不評估也是不對的。並不是只一味思考公司的利益，而是先以顧客爲本位，以顧客利益優先的人才値得表揚。

所謂改變意識，是比改善說話口氣的問題更高層次的問題。

由於改變意識，具體上也才能決定如何行動。

例如：訪問販賣的場合，已經去好幾次，但對方都不在家。

而競爭對手已停止訪問販賣而改變爲店頭出售。

因此，我們也要改爲店頭出售的想法是不對的。

好幾次訪問都不在家，才是最好的機會。

知道何時去都不在家，亦即別家店也不會去，換言之，顧客的家已經沒有業務員會來，因此機會來臨。

顧客不知何時在家，但需要業務員來服務。

雖然要求「請您來我店」，但有很多客人想去也沒時間去。

客人都有其「區域性。」

例如：名古屋地區如何，大阪地區如何，東京是如何，福岡與北海道完全不同等等。

但這種區域性的議論會令人誤解，認爲大阪的客人如此而加以模式化。

每一個顧客的性格各不相同。

無論何時都不在家的客人，只要站在客人的立場去思考的人才是明智的。

但認爲無論何時客人都不在，就放棄訪問販售的想法，是意味無法推銷才停止推銷的想法，顯然有錯誤。

不能以浪費時間，或效率差，或浪費人事費用的理由來改變初衷。

雖然從訪問販售改變爲店頭販售的行動都相同，但其理由不應是「因爲效率不佳，才要改變」。

認爲效率不佳才要改變店頭販售時，即使改爲店面銷售，結果同樣都陷入效率想法而已。只不過是改變場所，並非以顧客爲本位，而是完全以賣方爲本位，所以根本都不變。

以前，想到店頭購買的客人到商店的目的，主要想得到說明，但店裏卻只有接收電話的打工人員。

因爲業務員都被要求進行訪問銷售，因此都不在店裏。

由於如此，失去出售的機會。

所謂服務，並非銷售商品，而是使客人容易購買的制度。亦即意味如果客人要求到他家訪問，就到他家訪問；想來店裏的客人，就在店裏對應。

現在馬上能做的事情 35

將效率想法轉為效果想法。

讓人一眼就能看出推銷的傳單，只有負面效果

去訪問客戶，或郵寄廣告。

「這是新商品，你覺得如何？」

「我們做形式變更，你覺得如何？」

但這種郵寄廣告給人的印象不佳。一看就知道郵寄廣告時，馬上就丟棄在垃圾筒裏。

旅行回來時，廣告積滿信箱。

「我來進行訪問，但你卻不在家，我還會再來，先將說明書呈閱。」的名片如此記載。

但在說明書上所記載的，不過是賣方想推銷的資訊或賣方想要傳達的資訊而已。這些並非是客人想要的資訊。

由於受到基本業績的影響，因此往往強迫客人知道資訊。今後所需要的並非商品，而是提案或資訊。但卻不知何種理由，只要有資訊就可以。

36 現在馬上能做的事情

郵寄廣告上應記載對客戶需要的資訊。

其實，真正服務是提供「客人需要的資訊」。也許你認爲客人想要知道新商品，但客人卻不感到興趣。客人所需要的資訊是「如何使自己生活更快樂」。

若客人快樂地生活、充實生活和新商品無關的話，就成爲強迫推銷。

「唉呀！又送來這種東西。」看到名片上的這個人我絕對不會應門，便丟掉名片。

只帶給客人負面的感覺。

「唉呀！又寄這麼多的廣告」，而一一打電話向對方抗議的客人幾乎沒有。

其中也有人索性將郵寄廣告揉成紙團後加以丟棄，結果連當中的重要信件也遭殃。

對客戶來說，重要的資訊並不侷限在新商品的範疇內。對客戶而言，所需要的資訊因人而異。在說明書上往往未列出客戶需要的資訊。

亦即只帶著說明書去訪問客戶，只說明書上內容的業務員並不受歡迎。因爲那些人只是推銷員而已，並非服務人員。

現在客人所需要的不是推銷員，而是服務人員。

會計師事務所和客戶是靠諮詢保持連繫，而非會計業務

選擇會計師事務所做爲顧問時，公司總務與會計人員不知是以什麼做爲判斷基準。當然，對會計事務的工作必須要付錢。但是，其實依靠工作以外的商談或諮詢來評估決定的。

依據事先未預約的商談良惡，來決定是否繼續委託該會計師事務所做事。除了預約拜託服務以外，也要看看其他事情可以幫忙到何種程度。

依靠其額外的服務，客戶來判斷好壞。汽車經濟商，不只是開新車過去，再給一些贈品，就認爲服務結束，這樣的話，客戶一點也不高興。

現在馬上能做的事情 37

出售之前，檢討是否誠心對應客戶的諮詢。

七萬人的企業要和七人的店一樣，認真接待顧客

公司規模愈大，公司員工的意識要改變。

是否具有七個員工之一人的意識工作呢？

或者具有七仟個員工之一人工作呢？

或者七萬個員工之一人工作呢？

其實意識不同，其服務就全然不同。只有七個員工的公司，每個人無法把責任轉嫁給他人，所以服務往往良好。但是，以七萬分之一的責任感去服務的話，客人怎麼受得了？

假定有七個員工，雖然只和七個員工的公司一樣受到接待，對客人而言，才是令人歡喜的服務。

如果認爲自己的公司是擁有七萬個員工的大公司，而產生不正確的虛榮心，則無法做出完美的服務。假定有七萬個員工，但仍舊要以七個員工的小公司心態來做服務，否則就會失

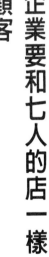

去許多客人。

由於小公司的員工只不過七個人而已，所以必然會拼命做業績。會拼命思考如何經營的公司，才會受到客人支持。因此，才會感受到支持的喜悅感。

取得買賣契約的喜悅，當場就很快結束。

業績表，經常和最高的成績相比較。評估比前一個月少，或比前年度少，都不會拿較低的業績相比。這就是營業數字的困擾之處。

「上個月賣這麼多，但這個月爲何減少這麼多。」

「請你跟低業績相比」，就算你如此反駁也沒用。

總之，基本業績與報酬會逐漸削減意識的情形產生。

現在馬上能做的事情 38

以公司只有七個員工的心態工作。

能縮短顧客等待時間的是人，而非機械

如果要到國外旅行，請各位謹慎選擇好飯店。好的飯店 Check out 的時間往往快得令人訝異。

我因採訪工作而前往國外的都市。Check in，Check out 總是耗費長久時間。令人覺得手續相當複雜到無法忍受的地步。

日本的 Check in，Check out 也是需要等待長久時間。Check in 的時間緩慢還情有可原。但是 Check out 太慢，則令人困擾。

日本飯店人員推辭可能是電腦作業的性能跟外國不同，但其實不然。

我曾在紐約住過四季大飯店，我拜託侍者拖行李。

即刻來處理行李的侍者問我：「要叫計程車嗎？是不是要去機場？」

侍者自信滿滿地想著既然要行李拿下來，接下來該爲客人採取××行動。

這意味 Check out 時間的快慢在於「要不要叫計程車來」一句話，由侍者詢問，或由櫃台、門房聯絡來決定。

通常，調派計程車是門房的工作。櫃台並不做這件工作。

但是，這位侍者卻問我：「要不要叫計程車來呢？」我發覺 Check out 那麼快的原因就在於此。

我走向櫃台，因事前已使用卡片預約，所以服務人員只說：「非常謝謝你。歡迎再來。」就結束了。完全不需要做任何的簽名，反而讓客人覺得冷漠。

「請將我的行李送到計程車上。」

回答：「你的行李已經放在後車廂裏，請你確認看看。」

我轉回頭看，司機微笑地等著我。

這並不是電腦所做出來的服務，而是人爲的速度造成的。

這種服務並非認爲別人該做的工作跟我無關而不做的服務精神。

39 現在馬上能做的事情

以人手來縮短客人等待的時間。

從自己的店窗戶看到的景色，是否會受到感動

服務，就是出售感動的工作。

感動，有時可以得到戲劇性的喜悅，有時會覺得悲哀。

從事服務工作的你，每天都生活在比TV劇更戲劇的服務世界裏，可依靠服務讓人得到感動。你並不需要以醫生的身份來替人們動手術。但是，你所說的每一句話，誠心誠意的服務，來進行心靈手術，使他人得到感動。

位於公園凱悅東京的五十二樓的「紐約餐廳」，以景色迷人而聞名。

但是，仍然有些地方要特別注意的問題。

客人來此，驚嘆：「哇！景色好棒哦！」

服務人員回應：「是啊！景色宜人。」

可是，請捫心自問，是否只是形式上的寒暄。因爲對於在這裏工作的人，每天都生活在

景色當中。如果三六五天都在五十二樓俯看美麗的景色，也會變得很平凡。

客人因一個月一次的約會，在領到薪水後來到這裏進餐，所以往往目睹當下的景色而有所感動。可是服務人員嘴巴回應：「是啊！景色宜人」，眼睛連看也不看。

這麼一來，如何出售感動呢？

有一天，已過了十點半，依照規定已經無法點菜，但由於服務生回答：「還可以去吃。」所以我就去紐約西餐廳。當天，有如颱風般地下起大雨，而且又打雷。

通常，不能看到夜景時，服務生會就會回應：「很不巧，下雨了。」

我以客人的立場來看，並不認爲「正在下雨」。

由於我認識當時正在公園凱悅東京三十九樓的和食餐廳「梢」，擔任副理馬場隆一郎先生。於是我聯絡馬場先生，向他表示「我正在五十二樓的紐約西餐廳」。

馬場特地來到紐約西餐廳，幽默地說：「今天打雷相當厲害，可說雷公正賣力在作秀。」

接著馬場先生往窗外看了一會兒。

所以當你要說：「是啊！景色宜人」時，請看一下風景。從窗外看到的景色，每天都在變化。今天的風景多麼地美，請和客人一起眺望看看。

然而，請你要感動。你自己本身也是有感情的人，在觀看景色時，也應該要感動才是。

這才是服務。

自己並未感動，怎麼能夠用嘴巴說出：「五十二樓的景色多麼美！」的感動呢？

並不是從五十二樓俯看到的風景才是那麼美，而是今天的景色是美麗的。

我在高中時代，擔任三年期間的國語老師山本先生，是一位詩人。

上課的進度非常緩慢，到了期末課程進度還不能到達考試的範圍。

但是，他卻是我最喜歡的老師。

「丹桂花開了，」然而看看窗外後沈默下來。

接著就經過十分鐘。在十分鐘當中，只看著窗外。我們很擔心考試範圍而希望他趕快上課。

「山本先生，又開始了。」一陣笑聲環繞耳際。

由於從窗外眺望十分鐘的時間，所以讓我能學習到偉大的教訓。遇到這種情形，不能只是哈哈大笑而已。老師所眺望的景色，我們也必須要欣賞才是。

當你對客人進行服務時，當然需要注視客人。可是，當客人說：「景色這麼美」時，應該和客人一起看風景。不，不是應該看，而是一定要看。

如果不看，怎麼能確定「景色這麼美」。

例如：庭院裏有一座噴水池。

如果看都不看，就說：「噴水很美！」可以嗎？

同樣從機械設備所放出的噴水，然而每天多少都會有所差異。

夕陽餘暉、天空的色彩，每天也不同。

並非晴朗就是好天氣，下雨也不是不好的天氣。

「今天下的雨真美。」

「氣味非常迷人。」

「雨後的景色宜人。」

每天變化當中，當你在進行服務時，對雨中光臨的客人也能出售感動。

如果你不能擁有感動的心，就無法提供感動給客人。

現在馬上能做的事情 40

對每天所看到的景色，以客人的眼光來感動。

服務員每天所看的東西會使顧客感動

有些飯店位置條件良好，卻不受歡迎。

因為只仰賴位置，而未考慮服務的重要性。

只建在海邊，客人並不會滿足。

客人根本不想在飯店裏吃法國料理，而寧願到附近的專門店吃新鮮的海產。由於如此，飯店業績逐漸走下坡。

那麼，究竟可以進行何種程度的服務呢？

在神奈川縣三浦岬的觀音崎京急飯店，開始實行有趣的服務。

三浦岬是進入東京灣的船隻必經的入口。

駛進東京灣的大型船隻，爭先恐後地來來去去。

他們考慮制訂船舶時刻表。並不是為了搭船用的時刻表，而是眺望用的時刻表。

飯店並非經營航運，但因為交通有時刻表，所以事前就可以了解幾點鐘船隻會通過。

他們制訂了「幾點左右，某某國的船隻會通過」的大型船隻通行的時刻表而加以揭示。

而且，在客房裏均設置望遠鏡。

看到大船通過時，連大人也想揮揮手。

實際上搭乘豪華客船，就能了解看到人就想揮揮手的心情。即使油輪也是如此，船使我們覺得浪漫，是人人所嚮往的。

知道駛進的大型船隻，是來自於南美洲，或通過的是遠自非洲來的，就會使人覺得浪漫。

尤敏所唱出的歌曲內容：貨輪在汽水中航行的浪漫世界。

其靈感，來自於在橫濱高岡住宅區的「海豚」咖啡店中，約會的一對男女看看一杯汽水的情節。透過汽水可看到在海洋航行的貨輪。

在飯店裏提供如尤敏歌曲一般的世界服務。

只注視眼前海洋有大型貨輪裝載羅曼蒂克通過，就令人覺得不虛此行。

也可說是享受觀覽船隻之旅。

只到飛機場，只看到飛機起飛的場面，就莫名地興奮。

和飛機起降相比，有些船隻只有今天才會進港。

這與看見流星的心情一樣。

現在馬上能做的事情 41

重新發覺眼前有什麼。

也許對飯店的員工而言，天天看的風景一點都不稀罕，但對客人則必然會有真正感動之處。能看到這樣的場面，就是好的服務。

客人們，是為了達到這個目的才來的。

幾點鐘會通過的船隻是哪一種船呢？那艘船是從哪一國來的，稍微查一查就知道。

首先要發現船隻才行。

船隻通過眼前時，會感覺：「一點都不稀罕」，或能感動地想到「哇！船通過了。」

這就是服務員應有的感性。

同時，身為一個人能面對森羅萬象而感動，才是有資格擔任服務員的工作。

受到顧客的支持，就會產生幹勁

員工們最能充滿幹勁的是，受到顧客的支持。

好員工只給予基本業績也提不起勁。

只設定業績，是無法培養充滿幹勁的員工來。

那麼，褒獎制度是否就可以提高意願嗎？

達成基本業績，又把業績提升到最高的員工，得到特別的褒獎，並無法提高所有員工的工作意願。

不難聽到客人說：「下一次要購買車子，我也要找某某先生。」

客人打電話來說：「請問××先在嗎？」如此指名道姓地要找你。

說不定電話內容是來找麻煩的。

「我在這裏發生問題……，該如何是好？」

「車子發生事故，應該怎麼辦才好？」

進行以上的詢問時，客人會找他所信賴的工作人員。

「你怎麼賠我！」接到這種電話，大家都會害怕。

看到旁邊的同事被挨罵，會覺得：「又有人來找碴，幸好我沒接那通電話。」

開始有這種心態時，每次電話一響，就會產生「唉呀！可能又有人來抗議。」的心態。

「這種電話，可能是客人來找碴的。」

「我要躲到廁所裏，裝作什麼都不知道。」

在這種情形下，這種人拿起電話的速度就會愈來愈慢。

但是假定是來申訴的電話，最好指定為「××先生在嗎？」比較恰當。

抗議時也會指定特定人士的話，就表示那個人受到信賴的證明。被指名而遭受挨罵的服務員，意味已和客人有進一步的關係。

被指名而得到讚美時，任何人都會感到高興。

但被指名而遭到挨罵時，任何人都會害怕。

但是，其實被指名而遭到挨罵的服務員應該要高興才對。

這表示你已經是一流的服務員。

由於無法被指名挨罵，所以對方才會「請叫負責人來」。

對方要求：「叫負責人來」，表示公司員工都沒有資格從事服務員的工作。「你應該要負責。」負責人如此般地遭到挨罵時，表示得到客人的支持，才會上找門。能夠成爲客人的代理人，往往具有解決客人麻煩問題的服務精神。

42 現在馬上能做的事情

與其說全體受到讚美，寧願被指名挨罵更有意義。

長久的服務必須早播種

上班族在公司裏遇到發表的機會時，往往會忌諱許多事情，而難以坦白說出心裏的話。過度地互相探索究竟要說明的程度。可是，有些人在不知不覺中，超出其領域而脫離軌道。其實這樣才是最好。

如果是越軌的發言，並不是在小酒鋪，而是在正式的場所裏說出來最好。

「我能感覺我能提出那樣的問題或想到那樣的問題」，也是無所謂，能夠這麼想，才能使想法更擴展。

在腦子裡知道必須要想辦法才行。但是卻不曉得用什麼方法解決，才是當今一切服務員所遇到的處境。然而是否在腦子裡真正了解「不想辦法不行」，令人質疑。

「不想辦法不行」的危機意識所傳達的領域，就是以一百人爲界限。

例如：發生火災。

「哇！失火了。必須要想辦法。」

能如此了解的只有一百個人左右。一百零一人以後，就不知道了。

「好像聽到喧譁的聲音，不曉得發生什麼事情」的程度而已。

即使輕微聽到「失火」的聲音，也只不過覺得「又在開玩笑」而已。

例如：擁有二五〇〇位員工，即使其一百個人具有危機意識，其餘的二四〇〇人並未產生危機意識。由於如此，才認爲愈大規模愈危險。

意願的傳達也是相同。

雖然大家喊叫：「努力」，此「努力」能傳達的只有一百人而已。

那麼，要讓二五〇〇位公司員工振作，該如何做呢？

首先，有自覺的一百位員工分散到各部門而成爲核心人士。

由於如此，公司才能革新。但花些時間，就可能做到。

對客人的服務也一樣。過去「推銷產品」的工作，只讓客人在契約書上簽名而已。

但是，服務工作需要長久時間。

過去的時代，只將車型變更，車子就可以賣出。但只有車型變更，並無法賣出去。

型式變更的那一瞬間就可以賣出的時代，已經過去了。

顧客，並未停止購物。

「購物」的行爲在時間上已更延長了許多。

一走入店裡，就決定「我要買這個」而買回去的時代已經過去。

可是聽我這樣說，有些人會誤解。

「既然要進行長久交往，那就得慢慢來。」而不積極行事。

由於需要長久交往，所以要及早播種。要進行長久交往，並非是慢慢來的意思。

現在不開始就不行了。不要以爲用「長久交往」這句話表現，就以爲現在不需要趕快去做，而一面觀看其他動向慢吞吞地做。

43 現在馬上能做的事情

種子並不會馬上發芽，所以趁早播種才行。

思考對顧客有利重於對公司有利

花花公子受女性青睞的理由，只不過是每天勤快地打電話而已。

爲得到女性的青睞，勤快最好，這是古今中外不變的大原則。

並未贈送特別昂貴的禮物，也沒多花錢。

只打電話說：「你今天做什麼？」「今天做過什麼事？」「明天要做什麼事？」

即使沒事也打電話來。

假定她說：「明天想外出吃飯，到哪一家餐廳比較好？」回答：「我知道哪一家店比較好。我先替你預約。」

完全無預約，這種方式叫做提案營業。

「這家餐廳的點心××絕對要品嘗看看。我和店長很熟，我會拜託他好好服務你。」

「我們一起去好不好！」這句話他都沒有說出來。

反之，「我們去那裏約會好嗎？」這樣打電話的男孩肯定會被厭棄。

以必須出售的態度去進行訪問，消費者往往會逃之夭夭。

狗與業務員也一樣。

「看到狗就跑掉。狗反而會來追你。」小時候我被如此教導。

這句話可以用在業務上。客人跑掉，是因爲你纏住不放。

亦即追逐客人的時代已經結束。

訪問販賣的時代結束，並非訪問販賣結束。

過去是拼命追趕逃跑的客人。勉強去追趕，無法抓住客人的事實能愈早發覺的人，才能真正成爲服務人員。即使在店頭販賣，安排環境讓客人想來的氣氛，才是服務。

並不用採取任何行動，而只等待客人來。

你是否覺得去追趕客人才是積極，而等待客人是消極的作風。

並不是等客人來，而是等客人回來。

第二次來的客人，是因爲第一次來時所得到服務很好，所以才想再來。這與是否提供茶水無關，而是能考慮他們的立場，才使他們高興。

並非爲了公司的基本業績，而只將銷售一邊倒的想法傳達給客人了解。

基本業績與消費者完全無關。客人來購物是花大錢。

假定分期付款，說不定爲此購物，必須放棄全家國外旅行的計劃。因此，必須要了解客人爲何種問題困擾。

客人，並不是爲了想買哪一個商品而困擾。

是否要商品汰舊換新，或全家去溫泉旅行，而爲此覺得迷惑。

不管商品的性能多麼良好，和溫泉旅行是無法比較的。

和溫泉旅行相同時間與預算的情形下，讓客人去選擇「買車」時，無論多麼強調「車子性能相當好」，是無法做比較的。

透過商品，能得到怎麼樣的幸福，以及如何的喜悅，客人才會爲此來購買。

並非購買物品，而是購買從商品所得到的快樂時間。

從商品所得到的快樂時間，因人而異。無法提出從商品所得到的快樂時間，就不能做好服務。沒有人先問溫泉的成份，才去溫泉旅行。

現在馬上能做的事情 44

在客人面前，忘記上司的容顏。

第三章

改變服務，商品也會改變

只要解決顧客的不滿，商品就會暢銷

有人認爲客人不滿時，則商品就賣不出去。
但並非客人都是不滿的心態。
不管得到多少商品，仍然經常覺得不滿或不安。
因此，才會投訴。
接到客人的訴求，即意味不安或不滿。
只要客人心理產生不安或不滿，商品便永遠賣得出去。
解決不安或不滿，就可以賣出去。
一旦客人完全得到滿足時，商品就無法賣出去。
不管如何的滿足，必然會有不安或不滿的情緒，因此能加以對應的服務永遠不會消失。
只要服務是無限盡的，而商品就永遠賣得出去。
有人說：「因爲客人已經擁有許多的東西，所以商品就賣不出去。」

某商品，大家都持有時，就賣不出去。

但不管擁有多少商品，或家中已無空間放置物品時，仍需要服務。

客人一直追求服務。不管給予多少的服務，絕對不可馬虎，以爲客人已經吃飽。

服務是另一個肚子要接受的。

會無限地接受。

被服務時，會覺得服務的喜悅，而愈想得到更多的服務。所以會期待服務。

由於如此，就不能與服務分開。

那麼，提供服務的那一方該怎麼辦？

進行服務時，得到客人的喜悅，就會想更努力服務。

此亦即「一旦做過一天的服務員，就欲罷不能」，的理由就在於此。

演員爲何欲罷不能呢？

因爲一旦獲得觀眾們的掌聲，就會上癮。

雖然貧困，但欲罷不能的演員不少。

爲何不停止演藝工作，而不去找另外賺錢的職業。

因爲得到掌聲的人，必然會上癮。

看見觀眾捧腹大笑，或者哭得很起勁。

由於如此，就會上癮。

服務員也與此相同。

有些客人會說：「謝謝你，以後我會向你購買。」「我只是偶然走進來，幸好能認識你。」

然而，多半的客人都是曾經前來申訴不滿的客人。前來抱怨旳客人，結果就成爲忠誠消費者的經驗中，服務員就對服務工作產生快感而上癮。

採取服務行爲，就可得到快感。

但販賣東西的行爲，就是瞬間得到滿足而已。

到了下個月，就得達成下個月的基本業績。

因此，並不是依靠自己內心得到滿足，而是受到別人的影響才去進行的。

那麼，具體應該如何做呢？

研究競爭對手進行哪種服務，當然很重要。

假定年輕員工主動提議來進行××服務。

「那種服務，別家店並沒有做。」如此說出來，結果新服務多半不被採納。

其實這是不對的。

45 現在馬上能做的事情

應該知道客人經常不滿。

做了別人未做的服務，也是服務的一種。

只仿效別人所做的服務，並非服務，而是作業。

最初去做人未做的行動，是很了不起的。

由於沒有人去做，才受到客人的歡迎。

別店有做的服務，但在本店並沒有做，才使客人生氣。

別店有做的服務，對客人而言，就成爲理所當然，所以一點也不高興。

但開始從事新服務，才是服務。

由於如此，客人才會感到喜悅。

對顧客來說，一切都是新商品

每一種服務，經常都是新商品。只專注商品的營業員腦中，商品按照新的秩序排列。

但是，客人不知哪一種商品是新的、哪一種是舊的。客人並不關心。

別錯覺客人第一次所看到的，全部都是新商品。這就是感覺差異。

對客人來說，新就是好的想法是行不通的。

並非新與舊的問題，而是第一次接觸的就是新商品。

在你的店裏，一切都是新商品。如果是舊的商品，其新的賣法是無限盡的。經過新的賣法，就變成新商品。

附加新服務的，都是新商品。

現今，變成舊的究竟是什麼東西。並非商品變舊，而是賣法變舊。舊的賣法，客人絕對不買。

不管新商品多麼新，賣法如果不好，則客人就認爲是舊商品。

所以應從追求新商品的概念，轉變爲經常思考新服務的概念，這就是「新鮮感」。昨天被拒絕，然而說：「我又來了」而帶著新的服務模式去表示已和昨天不同的新商品出現了。

不管帶去多麼炫麗的說明書，客人只回答「這個我已經看過了」，那麼努力就完了。說明書上並未刊載新的服務。說明書所刊載的，是在幾個月前所印刷的內容。

不管誰去賣，也是一樣的。

是否開闢新的賣法。

即使舊商品，如依靠新賣法，則一切都可轉變爲新商品。

即使新商品，賣法不好，結果新商品也會賣不出去。

所以爲何又有新商品出現時，就能賣得很多的理由。因爲提出新賣法，所以才暢銷。

但是，現在的賣法已經缺乏新奇，所以才滯銷。

這就是「新鮮感」的問題。要考慮服務是否新鮮。

例如：訪問銷售時，只致力於客戶的開拓時，往往對現有的客人訪問頻率減少的趨勢。

這表示客人是依靠訪問頻率來感覺新鮮。

會受到青睞的男性，不管交往的女性有多少個，只要每天很勤快地打電話，就會讓全部女性都錯覺好像每日都見面一般。

對於昨天才認識的人，必須好比從十年前就交往一般地誠心對應才行。

當交往人數增加時，對每一個人的能量就會減少，這才是得不到青睞的原因。

「幹嘛！一年才一次電話聯絡」，演變成這樣狀況，而失去新鮮感。

不要只一味地對新顧客開發投注力量，也要對過去的客人重新加以接觸。

過去的客人，並非是舊的客人。

接點一離開，客人就會離開——道理只是如此。必須把離開的客人重新接合起來。勤快又多面地做好顧客接點，才是服務的真諦。

現在馬上能做的事情 46

對客人而言，一切都是新商品。

二　提十個案都不行，再提第十一個案才是服務

訪問客戶的態度當然要改變。

第一次訪問，而進行提案。

「買這種車子，就可以進行這樣的行動。」

「現在正在流行什麼。」

但是，客人回答：「我不太有興趣，下次再來。」

或說「你不要再來，因爲我們已經有了。」

這種情形持續三次，使業務員覺得「那位客人可能沒希望，以後不會再去。」

「有希望」的表現，可由效率觀點來得到。

如果想要去賣東西，去三次不行，表示就不行了。

但去做提案，即使提十個案都不行，第十一個案也可能被採納。

差異就在此。這與女性約會相同道理，要求女性「我們去約會，好嗎？」女性才不會簡單地接受。

要看對方男性是否是她所喜歡的人來決定。

是否喜歡這類型的人，而決定赴約與否。

喜歡不喜歡的類型，以物品來引誘千萬使不得。而必須提出種種構想看看。

「最近的電影很有趣，要不要去看？」來邀請對方。

「我對電影沒有興趣。」

「哦！對嗎？」就加以放棄。

接下來，「有家新開的餐廳很好吃，要不要一起去吃？」

但她對那種食物不感覺興趣時，就必須另提構想才行。

提案，可以無限地提出。

有否「希望」的想法，是站在效率觀點來看的。

問題在於，能否有耐心地繼續加以提案。

這才是服務。

無論在何種場合裏，服務隨時可進行。

可說服務就是一結束，馬上就開始。
絕對不是指附加贈品之意。
服務並不是在附加贈品，而是附加提案或資訊的方法。

47 現在馬上能做的事情

即使提十個案不行，還要提第十一個案。

櫥窗中的財產，一是顧客、二是店員、三是商品

用什麼方法才能使現場作業人員提高幹勁。

首先，要改變本身的意識。

我自己並非在賣東西，而是從事跟買賣有關的服務工作。

雖然我出售過商品，但有關商品的服務才是自己最大的商品，必須要擁有這樣的想法才行。

除了設置服務台外，還有工作人員、商品的設置，以及說明書。

在這些當中，在你的店裡理財是那一種。

第一個財產，就是這家店的顧客。

第二個財產，是工作人員。

第三個財產，是商品。

但是，現在你的腦海中，想的是什麼呢？第一重要的是商品，所以一開口便是「請看一下商品」。

接下來，就拿說明書給客戶看。

最後才是工作人員。

其順序根本不對。

工作人員也可以排在財產的第一位。

因爲有好的工作人員，客人才會來。

現在馬上能做的事情 48

顧客是最大的財產。

做沒有人做過的事，顧客就會出現

做過去別家店鋪未做過的事，並非很困難。

想開設一家深夜不打烊的商店看看。

「那樣的商店，客人根本不會來。」

受到這樣批評之下所成立的，就是便利商品。

「深夜，大家都在睡覺。」

因爲有這樣的想法，過去未曾有過的二十四小時營業便利商店終於誕生。

沒有人想去開這種商店。

但自從開店之後，客人源源不斷。

在砂漠中建造城市，不可能會有客人來。——卻建造了城市。

結果，客人來了。

拉斯維加斯即是。

亦即，並不是有客人，才要設立商店。

通常，認爲因爲客人會來，所以才開店。

由於如此，才被「需要」這句話所操縱。

開始創設沒有人做過的事業，客人就會來。

『Fields of Dreams』是由凱文科斯納主演的電影。

和幼小時喜歡打棒球的父親產生口角而鬧翻。現在他的父親已過世。

凱文科斯納在玉米田裏聽到一種聲音。

「做好那個，他就會來。」

「那個」是什麼？

「他」是誰呢？

「那個」就是棒球場。

做好棒球場之後，往年的棒球選手都從周圍湧入玉米田。

都是亡故的選手。

就是夢幻球隊。

都是一起打棒球。

父親就在當中。

他與亡故的父親和好如初。

「他」就是父親，也是神，而服務員的「那個」，就是客人。

並不是客人要買，才要開始營業。

而是創造新服務後，消費者就會出現。

並不用尋找客人在哪裏。

試著去做別人未做過的事情。

當然，並非全部都會成功。

然而這些事情，客人會一個接著一個來。

由於如此，就成為新的出發點。

49 現在馬上能做的事情

去做別人未做過的事情。

店頭販售比拜訪販售更有熱誠

豐田與本田，都將過去販賣的方向大大地改變。

不要只進行訪問販賣，而要在店頭服務，如此地發表大方針的變更。

這是服務的大變化。過去，是推行「訪問更好的客戶」「增加訪問件數」「增加不預約訪問」等的「推銷」之訪問販賣或不預約營業。

但是，客人卻張貼「注意惡犬」的標語。其實並沒有惡犬，「注意惡犬」的標語，意味「拒絕推銷」。

表示業務員已成爲令消費者困擾的人，但營業負責人卻提出反駁。

「要推銷皇冠牌車子，社長會親自來店頭嗎？」

「法人賣車總是會找總務經理，但總務會來店裏嗎？」

「上層完全不知現場多麼困難。」

訪問販賣的高手，被要求在店頭服務，但跟店面的服務方法有微妙的差距。

那些高手們，對訪問販賣擁有高超技術，但由於與店頭服務有微妙的差距，所以頗讓他們覺得困擾。

雖然如此，服務根本無兩樣。並不只在店頭服務，而將訪問販賣全部加以停掉。

過去訪問家庭的銷售方法，對賣者而言，就是「最容易出售」的形態。要從賣方容易銷售的形態，轉變爲買方容易購買的形態。

客人容易購買的三形態：

①易買的時間。

②易買的方法。

③可得到想要的商品。

但過去賣方以易賣的方法出售商品。

現在馬上能做的事情 50

好好對應前來店裡的顧客熱誠。

一　顧客要求新的接待方法重於新商品

商品賣不出去，是因爲整年不斷有新商品產生。

無新商品就賣不出去。

款式沒有變更，就賣不出去。

就車子而言，未推出特殊車種，就賣不出去。

顯然可以看出持續出售商品所遇到的限制。

「這就是獨創的車種」「這是限量車種」，一推出限量車種或新型車種，就是意味將過去未出售的車子變成爲新古車。

「這是最新式」這句話一說出，就變成非最新式即成爲舊商品。

結果，只不過在表示「這是新款式，請您惠顧」。

但是，這種模式一直持續下去的話，必然會遇到限制。

本來三個月一次推出限量車，變成爲一個月一次推出限量車。

因此，一個月前所購買的人，其車子已變成新古車。

如此一來，顧客的滿足無法持續下去。

購買的顧客就會生氣。

因為不具有持續性，所以顧客無法滿足。

為了維持持續性，必須經常維持新鮮狀態。

但是，商品一定會變舊。因此，推出限量車，不斷持續推出，現在已經達到限界。

因為知道即使購買，也會很快推出新型的限量車，所以不想再買。

這一點，必須趕快了解才行。

即使想賣，也賣不出去。

想得到顧客的支持，藉由商品的傳達也沒辦法。

不管有多麼好的商品，若其商品未附加服務的話，就不是真正的服務。

例如：假日木工具店出售電鑽。

購買電鑽的動機究竟為何。

實際上使用的結果，容易鑽洞，且具有效率。

但是，「你買這種電鑽試看看，很好用。」如此地推銷也賣不出去。

爲什麼呢？

因爲沒有人想收集電鑽。

客人的腦中，所要的並非電鑽。

也不是洞。

客人想要的，是使用這種電鑽，在假日進行木工製造所享受到的快樂時間。

因此腦中會浮現的是，自己親自打造狗屋的快樂預感。

亦即和孩子一起打造狗屋的時間。

聽孩子喊：「爸，好棒哦！」的快樂時間。

如果沒有這樣的情景之下，只被推銷「這種電鑽很好用」、「這種性能非常好」，一點意思都沒有。

沒有人想要買電鑽。

而是想購買由商品所蘊釀的生活模式。

商品是以什麼來分類的呢？

就是由生活模式來分類的。

例如：「平常主張生態學或廢物利用的人，卻使用耗油的車子，怎麼行呢？」

這跟喜不喜歡車子無關。
問題，就是能否提出生活模式最要緊。
公司員工們的生活模式彼此各不相同。
公司員工也是不斷有年輕人加入。
尤其，年輕人們的生活模式更多采多姿。
如何將多采多姿的生活模式反映給客戶，如何向客戶提案才是重點。
員工擁有多采多姿的生活，是一種好現象。
多采多姿的模式，就是公司的財產之一。
能將各種模式提供給客戶，對客戶而言是具有貢獻的服務。

現在馬上能做的事情 51

和昨日不同的新鮮方式，去接觸顧客。

菜色一樣，能收取頭等艙的費用嗎？

飛機世界裏，前些日子經濟艙、商務艙、頭等艙的三階段的差距很大。

但是，現在其差距卻愈來愈模糊。

不僅頭等艙不受歡迎，就連經濟艙也是如此。

最擁擠的是商務艙。

這現象發生的因素之一，就是整體票價降低。

由於經濟艙票價降低，商務艙也跟著如此。

即使商務艙，其票價和以前經濟艙相當。

現在商務艙最擁擠。

如果按照這種情形演變下去，飛機坐位可能變成前一排爲頭等艙，後一排爲經濟艙，其餘爲商務艙的形態。

如果變成此狀況，航空公司就要關門大吉。

因爲不能以服務來區別。

並非無差別，而是無法提供差別之意。

經濟艙、商務艙、頭等艙的差異，究竟是什麼？

例如：如果經濟艙的二倍爲商務艙，而商務艙的二倍爲頭等艙。

那麼，一比二比四的服務差異是什麼？

光靠坐位寬度來區別是不能做到的。

如果商務艙坐位擁擠的話，就無法寬敞地設置。

那麼，是否以料理來區別。

其實，從成田到紐約，料理頂多是三次而已。依據三次的料理，一邊付出二十萬日圓，另一邊付出八十萬日圓的差距，是無法安排的。

那麼，到底以什麼來區別。

除了用服務來區別外，無其他方法可行。

料理如此，坐位也相同之下，能否依據服務差距來收取頭等艙的費用。

頭等艙的客人，反而不吃飛機裡的料理。

會搭乘頭等艙的客人已是旅行常客。

現在馬上能做的事情 52

考慮該如何才能賣得更高的價錢。

如果他們想要吃山珍海味的話，並不會在飛機裡進餐。

同理，一流旅館收取高額的費用，而且是經常客滿的旅館，並非取決於建築物特佳之故。料理當然棒。

但，如果其旅館住一宿的價格是普通旅館的五倍的話。

是否其料理的價格有五倍之多呢？這並非如此。

只依視成本而加以計算，則客人住在廉價的旅館才划得來。

但是，客人才不會如此。

關鍵就在於服務的差別。

然而多半的服務業卻完全未發覺服務的重要性。

抱定不降低定價的決心，才能產生服務

現在飯店的最大課題，就是不能以定價來收費。

「現在正處於價格破壞的時代，若以定價收費，客人怎麼可能會來呢？」業者如此表示。

但是，以定價收取費用的飯店卻生意興隆。

其實，這無須大驚小怪。

聽我這麼說，可能有人會反駁說「才不是呢，是因爲住客率高，才能以定價收費。」

但是，其實不然。

因爲想要以定價收費，而努力經營且提高服務，才吸引客人前來，進而使住客率提升。

今後的時代，只是收費便宜也無法獲勝。

應該趕快了解陷入收費競爭的企業都會全部滅亡。

客人所要求的，並非收費便宜與否，而是服務。

不管利潤率如何降低，提供接近成本的美味早餐，也無法勝過今日天氣預報的旅館。

即使早餐提供高級魚子醬和鵝肝，客人也不會「高興」。

客人會覺得「服務周到」的是，把今天在附近將進行活動的資訊，提供在早餐桌子上。

想要吃魚子醬或鵝肝，隨時都可以到餐廳享用。

想要在適者生存的時代存活下來，就必須以定價來競爭的姿態從事。

打折扣愈多，服務就愈來愈不重要。

執著於舊時代的架構的經營想法應該要改變。

然而大家現在仍然在議論住客率。

「雖然這麼說，划算才是最重要。」

如此打如意算盤的想法，與住客率無關。

例如：以定價收費而住客率五十％的飯店，與五十％的收費而住客率一〇〇％的飯店，

究竟哪一方賺錢呢？

這是相當明顯的。

並非相同。

五十％的收費而住客率一〇〇％的那一方顯然比較吃虧。

這種算術太簡單。

所以，及早脫離所謂住客率的抽象數字所操縱的模式，才是重要。

53 現在馬上能做的事情

不要考慮降低定價。

客房屬於飯店，不屬於旅行社

但是，旅行社卻以住客率來脅迫。

旅行社原本不需要固定費用，所以可薄利多銷。

「房間空出來表示收入是零。是否因此降低價格來招攬客人比較好呢？」

聽到這句話，想堅持的心就會動搖。

飯店的賺錢來源，就是客房。本來應該以客房賺錢的飯店，卻只依賴宴會場地來賺錢；

因此，才會受到不景氣的波及而無法生存下去。

會倒閉的飯店，都是太過於依賴宴會場地的需要。

法人需要減少，婚禮簡化到餐廳舉辦的情形增加。

結果，宴會的運轉率，或平均每一件的營業額下降而倒閉的飯店不少。

這是放棄客房爲主要原因。

現在多半的飯店客房都由旅行社包辦。旅行社不只要打折，還要思考各種的企劃。本來應該屬於飯店的客房，卻被旅行社奪走。

這是不是太不合邏輯。

然而想法一有差錯，就會反覆犯同樣的錯誤。

宴會場地生意不佳的時候，就想用餐廳去賺錢。

但是，放棄以客房賺錢的方法，而想以餐廳來賺錢的飯店，都是無法振興起來的。

而以客房來賺錢的飯店卻一路發展下來。

經營成功的公園凱悅東京，就是四季飯店椿山莊東京。

不只依賴餐廳，且對於過去被認爲不應該做卻不得不的服務投入力量，這就是一流飯店或老舖的一貫作風。

這也是旅館本來的作風。

旅館並不需要設置餐廳。

由於一切都依賴客房的服務，所以並不需要看門者。

看門者的工作由服務生全部來負責。

歐巴桑提著沈重的行李箱帶領客人到客房，然後端茶來，只是如此的工作，並未達到服務生應該做的本份。

現在馬上能做的事情

54

招攬旅客不要全部依賴旅行社。

以飯店的立場而言，這種工作只由侍者來做。但由於飯店是分工制度，所以如此做即可。

然而，旅館是依靠客房一切服務，而從旅客身上賺取費用。

本來，最有力成爲商品的客房被旅行社奪走，飯店卻一點都不會不甘心嗎？

如果你是飯店的工作人員，自己的客房最好由自己去推銷。

我所說的推銷，並非外出兜售之意思。

招攬旅客的業務，就讓旅行社去包辦。然而必須和旅行社共同建立良好的合作關係。在旅客來到飯店之前，全部由旅行社負責。

但是，來到之後，對客人誠心誠意的服務，則是服務人員應該做的工作。

小費才是顧客能決定的真正費用

曾經在日本旅館裏有收取小費的慣例，因此人事費接近於零。

由於如此，才能繼續營業。

本來飯店業，支付人事費這方面，是難以維持的問題。

所以任何一家飯店都陷入經營上的困難，乃是理所當然的事。

因爲人事費大半都以收取小費來維持。

「工作人員不少，會不會造成經營困難？」大家都這麼想，但其實那並非人事費所引起的。

客人給予你飯店所支付的費用，一切都是小費。

將小費先行支付。

雖然小費先行支付，但未充分服務的話，客人就不會再度來飯店。

這是理所當然。

現在馬上能做的事情 55

不要抱持不賺錢就要提高收費的想法。

客人絕對不會去想到進貨價格是多少，而只在意支付多少。

沒有做好服務，而認爲「只提供物品，就可以了。」的想法，往往會惹客人生氣。

「價格這麼便宜，幾乎接近赤字邊緣，怎麼經營下去。」具有這種錯覺的人不少。

這種經營態度，對客人而言，一點也不關心。

本來服務是店裏沒有利潤就做不出來。

不賺錢的店舖，不可能做好服務。

飯店本身在經營上能順利進行的話，才會產生服務客人的心意。

但是，不要以不賺錢爲理由，錯覺自己已做好服務。

不要以自己很辛苦，而向客人表態？自己已做好服務的情形，就沒有資格擔任服務員。

能讓無法坐到靠窗好位子的顧客滿意到何種程度？

窗前景色宜人的店舖，有所謂「W的悲劇」的悲劇發生。

客人預約表上有寫著「W」字。

「W」就是靠窗的簡稱。

意味：「希望坐在窗戶旁邊。」

然而，坐位有限。

並非所有人都可以靠窗坐。

火車上靠窗坐的人較少，有一半以上的人無法坐在窗戶旁邊。

靠窗坐的人可以欣賞外面的風景。

但是，讓無法坐在窗戶旁邊的客人得到滿足回家去也是很重要。

能夠讓客人得到比欣賞窗外景色更大的感動，才是真正服務。

你是否能給予比欣賞窗外景色更好的服務呢？

在人氣不佳的店裏，

「既然沒有靠窗的坐位，那就算了。」

而讓客人跑掉。

如果客人說出這句話，身爲服務員應該要羞愧。

因爲已經失去服務員的資格。

總之，服務員的服務，比不上窗外的景色。

這是不是令你難過呢？

雖然欣賞窗外的景色非常美好，但所受到的服務更是吸引人。

「即使不能坐在窗戶旁邊，但藉由我的服務讓客人得到成功。」

應該要擁有這種志氣才行。

某著名休閒地區的觀光客曾經一時銳減。

觀光客，都以爲到當地，都能住在水上客房。

海上建造屋室，從窗戶能直接眺望海裏，早餐是從海上用獨木舟運送過來的。

水上客房的地板是由正方形玻璃做成的，可以看到魚群地板上游來游去。

這是相當棒的一件事。

但是，實際上，並非一切的房間都是水上客房。

也有陸上客房，或小別墅。

由於如此，認為無法住在水上客房就不想去的客人愈來愈多。

其實，觀光客的減少，原因在於當時附近海上氫彈試爆所造成的。

但是，真正的原因應該是無法提供觀光客超過水上客房的服務樂趣或感動。

擁有良好設備的地區，觀光客反而愈來愈減少。

並非好的房間或好位置為原因，而是無法提供客人感動之故。

即使一流飯店的最低廉房間，也有住在一流飯店的價值。

一流飯店最低廉的房間，比二流飯店的最好房間更值得。

一流飯店，即使客人被安排到接近入口嘈雜的位置，也會讓客人覺得：我最喜歡這個位置。

「下次來時，如果你還要替我服務的話，我還是要坐在這個位子。」

給予未靠窗坐的客人如此的服務即可。

至於坐在窗戶旁邊的客人，請你也一起對窗外景色感動吧！

56 現在馬上能做的事情

要充當客人的心靈之窗。

對於未靠窗坐的客人，你就充當窗戶的角色。

你要把自己變成景色。

客人喜歡坐在窗戶旁邊的理由，就是可以跟外面的世界連接起來。

住在封閉的房間裏，沒有人會喜歡這樣。

該用什麼方法打開心靈之窗，才是最重要的事。

從柱子前或後通過，決定服務的好壞

某家一流飯店的帳房前有個大柱子。服務的勝負就決定在這個柱子。

未登記房間的客人，通常通過柱子的帳房旁邊走進來。

那麼客人外出時，多半通過柱子反側走出去。

要外出的客人，多半通過柱子反側走出去。那就表示服務不佳。

其實，希望從柱子前面通過最好。

柱子前面有好幾位工作人員。只有不太想見到工作人員的客人，才通過柱子外側出去。

但是想跟工作人員親近的客人，會走過柱子的前方。

「我要出去散步一下」，營造如此寒暄的氣氛來迎送客人外出。

然而外出回來的客人，從柱子內側進入客房，也是表示服務不佳。

外出回來的客人，對工作人員寒暄「我散步回來了」，而走向電梯的心態如何建立最要緊。

圖 2

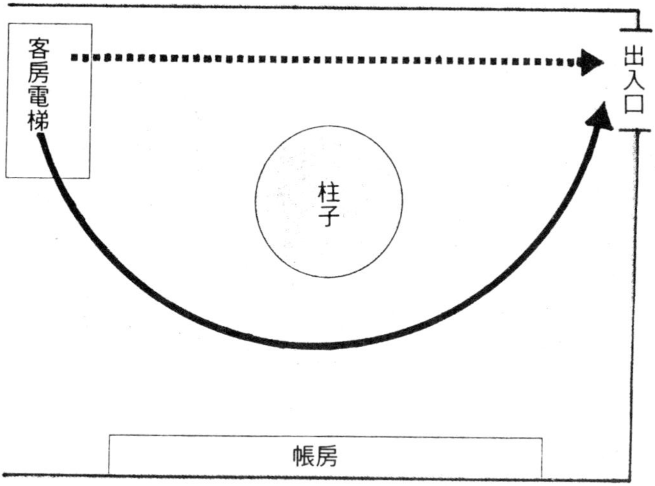

外出的客人通過柱子內側，就表示服務不佳

工作人員必須要營造讓客人想說出「我要出去」的氣氛。

如果客人心裏產生「不想與工作人員談話」，而躲在柱子背面的氣氛，當然客人便會由柱子反側外出。

關鍵在於你的服務精神如何。

客人該走哪一條路線，請你走一次入口看看。

看到有人分發衛生紙而覺得麻煩的路人，就會繞道走開。

遇見兜售畫展參觀票的路上業務員也是如此。

產生厭煩的印象，就想避開不見。

如果客人從柱子外側通過的話，意味工作人員對客人不具有親切感。

亦即被客人拒絕。

說不定讓客人產生威壓感。

如此一來，到一流飯店的客人當然會緊張。

也許一直都無法緩和緊張感。

可能認爲即使通過工作人員前面，客人會覺得有一股被忽視的不安感。

曾經有一次通過此路線而被工作人員忽視後，客人往往不再走此路線，而盡量避免看到工作人員。這就是一般客人的心理。

關鍵在於客人是否想接近你那一側通過。

雖然你站在那裏，卻從遠側通過，即意味想要避開你。

請你思考想讓客人經過的最好路線。

由於如此，例如：推車的位置也要改變。

通常，推車，是客人登記房間後運送行李的，所以擺放在帳房的前面位置。

但是，客人走過帳房前面，往往會受到推車的阻擋。

好像禁止通過帳房一般。客人要走的最好路線，卻擺放推車，是不應該發生的事。

推車不擺放在此不行的理由，只是對服務員方便而已。

要使用推車運送客人行李時，就趕快推過來就好了。

要將推車放置在何處，決定了想客人接近或遠離服務員的態度。

當然，並非如此。而是未發覺利害關係而已。

假定侍者將推車放置該處，則工作人員一發覺時，就應該建議侍者放在適當的位置比較好。

將推車放置該處的侍者完全不知利害關係。

侍者認爲該處才是是最迅速給予客人推車的位置。由於如此，由其他單位的工作人員來向侍者表示：「這種擺法，說不定會使客人不想通過這裏。」

請各位確認在店裡有無擺放造成客人與工作人員障礙的物品。

現在馬上能做的事情 57

做好客人接近你的工作。

客房服務要告知幾分鐘後送到，才算服務

飯店，多半都設置早餐的送飯服務。這時，客人表示：「麻煩送餐點過來。我要法國吐司和咖啡。」之後的回覆，可以決定一流或二流的勝負。

「好，我知道。待會兒才會送過來，可以嗎？」

「好，可以。」

這樣的回答不好。

「現在需要花些時間，要在二十分鐘後送達，這樣可以嗎？」

能這樣應對才是最重要。

因爲客人早上也是忙碌的。說不定打電話委託送飯服務之後，才要去淋浴。淋浴當中，送飯來的話，是令人困擾的問題。

也許在廁所也說不定。爲了擔心送飯不知何時會來，進入廁所的心情是否很緊張呢？

58 現在馬上能做的事情

即使客人沒問，也要傳達幾分鐘後送到。

如果去廁所當中，剛好送飯來，會在尷尬之下開門。

爲了避免客人緊張而表示「二十分鐘後送到」，諸如此類地，把大約的時間加以通知才行。但是，說不定二十分鐘後無法送到。

如果在二十五分鐘後才送到的話，就道歉說：「讓你久等了」即可。其實二十分鐘後送到，也要加一句：「讓你久等了」。

說不定會比預定時間提早的十五分鐘後送到，然而先說明幾分鐘送到比什麼都不說的服務更周到。

並不是只送早餐，才是好服務。它只不過是送料理而已。

「幾分鐘後就可送到」如此表示，才是真正的服務周到。

請再一次確認看看你過去的服務是否是真正的服務。

在送飯服務時，必須送的並非早餐而是誠意。

從官僚商法轉換意識的時代

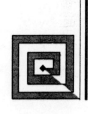

幕府末期的時代，德川家的旗本（武士階級的一種）總共有四十萬人。

但在大政奉還後，這四十萬人就被解雇。

此爲旗本的大改革。

過去的商人是被人輕視的階級，現在卻抬頭起來。

被解雇的武士，自己也想從事買賣，但多半是失敗的下場。

此爲「官僚商法」。

以官僚的意識，想把商品賣給客人。

如果是物資缺乏的時代，如此做還可以勉強行得通。

但物資豐富的時代中，這樣的心態絕對賣不出去。

由於如此，官僚們就會苦惱這麼好的商品爲何賣不出去。

當時，官僚們完全未發覺商人並非只賣商品才能抬頭，而是因爲他們的服務受到支持才發達起來。

可喻爲德川大企業倒閉的幕府末期時代，與現在發生同樣的狀況比較。

商品滯銷的原因，是因客人覺得服務比商品重要。

製造商也是如此。

消費者並未表示「已不需要物質」。

不只出售商品，就連和商品有關的幸福時間也一同賣出去。

「賣不出去，賣不出去」「爲何賣不出去」等等的官僚心態，現今的時代裏也出現不少。

官僚的賣法，是消費者一來，會以「這種商品很好，我會賣給你」的心態來面對之。

「我允許你買，你該感謝我才是。」等允許對方購買，而很神氣地對應。

如此一來，當然就賣不出去。

認爲自己過去是德川幕府的旗本，不能加以捨棄過去的光榮。

以很神氣的官僚時代狀態來對應客人時，也很驕傲。

認爲自己是創造高度經濟成長的人，用此方法一直都很暢銷，必定能成功。

「最近的消費者多麼任性啊！」

而否定客人的任性。

「顧客水準降低。即使要說明商品，他們也完全不想了解，實在很過分。」

像官僚般的業務員如此憤慨地表示。

從幕府末期至今有一百年以上的歷史，但仍存有官僚意識的人不少。

應該早日擺脫官僚商法才行。

現在馬上能做的事情

59

應擺脫我會賣給你的官僚商法意識。

一　對不需要汽車的顧客，推銷方法決定成敗

商談的時間愈長，其商品就愈賣不出去。

客人想購買商品時，商談是短暫的。

商談以外的對話時間壓倒性地長，而商談本身卻是短暫的。

對客人而言，商談是多餘的。

商品的說明不需要聽那麼多。

聽不懂的內容，無論多久依然聽不懂。

已經懂的事情反覆嘮叨幾次，客人只會覺得厭煩而已。

以前，「需要車子的人」或「喜歡車子的人」才是車子的買主或客戶。

喜歡車子的人或需要車子的人，由於購買稱為車子的「商品」，所以商品的說明就是服務。

因此，跟向誰買無關。

但是，現在已產生變化。現在，是不需要車子、不喜歡車子的人購買的時代。

對於這些人來說，買哪種車子都無所謂。

但是，「要向誰買」才是重要。

「如果能向某人買到就可以了。」

「凡是這個人所推薦的東西都可以接受。」

這種方式的購買方法，

其最大差距就在於此。

要向喜歡車子或需要車子的人販售車子，並不困難。

但是，對不喜歡車子或談論車子問題都不懂的人販售車子，就很困難了。

「ＡＢＳ是什麼意思?」

「安全氣囊是什麼?」

「不，這跟我無關。」

像這樣的客人不少。

但是，他們都是客人。

客人本來就是這樣。

車子，一個月頂多只駕駛一兩次而已。然而仍然渴望購車。

可說這是難能可貴的客戶。

但是，這些客人的煩惱究竟爲何？

舉例來說，即使沒有開車，也是希望電瓶保持效能。

「開車頻率太少的話，電瓶往往容易失去功能。所以一年到頭呼叫道路救援。」

能夠解決客人煩惱，才是服務。

亦即並非提高商品的性能，而是改變服務員的意識，才是重點所在。

換言之，能對應這個問題的服務員並不多見。

一個月頂多開車一、兩次的客戶，爲何會去買車？

並不喜歡車子的人，爲何要買車呢？

但是沒有「目的」是不會購買的。

以前，買車的人一半是喜歡車子，一半是需要車子。

但現在，喜歡車子的人佔客戶的一〇％，而需要車子的人占一〇％。

剩下的八十％，是既不喜歡車子也不需要車子的人。

沒理由地賣給八十%的客人，當然業務就會降低八十%。
由於如此，現在東西才賣不出去。
這種現象，在業界都是一樣。
任何一種商品，並非因其他公司推出新商品，使客人認爲其性能比較好，才跑去購買那種商品。
客人才不會跑掉。
因爲找不出購買的理由，所以才不買。
雖然不喜歡，也不需要，但只要有理由，就會購買。

現在馬上能做的事情 60

要考慮不需要的人也會購買的方法。

後記

一流的企業人士也會向拉麵店學習

或許有人會認爲自己是上班族，因此，服務員的問題跟自己無關。

但是，任何一種服務，都有機會運用到你的工作上。

一流的上班族，去吃拉麵時也會抓住學習機會。

「只不過是街頭小小拉麵店而已」，他們才不會這麼想。

即使去吃拉麵，也認爲「我自己在公司工作時，値得參考的問題，拉麵店裏似乎存在不少」。

你的日常生活，一切都是對服務工作有參考價値。

具有這種想法而從事種種活動，則整天二十四小時都會覺得很快樂。

並不是上班時間才要進行服務。

日常生活的一切都是服務。
同時，你也是客人之一。
一面充當客人，一面學習服務工作。
不會感動，不會被感動，也不會興奮的人，就沒有什麼意義可言。
然而，請你成爲所謂的「平易近人」「印象佳」的人。
請你也以這種心態，快樂地服務。

上班族要向服務員學習服務。

<作者簡歷>

中谷彰宏

1959 年，出生於大阪府堺市。早稻田大學文學部演劇科畢業。於博報堂服務 8 年的ＣＭ企劃人員後，成立株式會社中谷彰宏事務所。

生活廣場系列

① 366 天誕生星
馬克・失崎治信／著　　定價 280 元

② 366 天誕生花與誕生石
約翰路易・松岡／著　　定價 280 元

③科學命相
淺野八郎／著　　定價 220 元

④已知的他界科學
天外伺朗／著　　定價 220 元

⑤開拓未來的他界科學
天外伺朗／著　　定價 220 元

⑥世紀末變態心理犯罪檔案
冬門稔貳／著　　定價 240 元

⑦ 366 天開運年鑑
林廷宇／編著　　定價 230 元

⑧色彩學與你
野村順一／著　　定價 230 元

⑨科學手相
淺野八郎／著　　定價 230 元

⑩你也能成為戀愛高手
柯富陽／編著　　定價 220 元

⑪血型與12星座
許淑瑛／編著　　定價 230 元

品冠文化出版社　郵政劃撥帳號：19346241

●主婦の友社授權中文全球版

女醫師系列

①子宮內膜症
國府田清子／著　定價 200 元

②子宮肌瘤
黑島淳子／著　定價 200 元

③上班女性的壓力症候群
池下育子／著　定價 200 元

④漏尿、尿失禁
中田真木／著　定價 200 元

⑤高齡生產
大鷹美子／著　定價 200 元

⑥子宮癌
上坊敏子／著　定價 200 元

⑦避孕
早乙女智子／著　定價 200 元

⑧不孕症
中村はるね／著　定價 200 元

⑨生理痛與生理不順
堀口雅子／著　定價 200 元

⑩更年期
野末悅子／著　定價 200 元

品冠文化出版社　郵政劃撥帳號：19346241

大展出版社有限公司 品 冠 文 化 出 版 社	圖書目錄

地址：台北市北投區(石牌)
致遠一路二段 12 巷 1 號
郵撥：0166955～1
電話：(02)28236031
28236033
傳真：(02)28272069

・法律專欄連載・電腦編號 58

台大法學院　法律學系／策劃
法律服務社／編著

1.	別讓您的權利睡著了 [1]	200 元
2.	別讓您的權利睡著了 [2]	200 元

・武 術 特 輯・電腦編號 10

1.	陳式太極拳入門	馮志強編著	180 元
2.	武式太極拳	郝少如編著	150 元
3.	練功十八法入門	蕭京凌編著	120 元
4.	教門長拳	蕭京凌編著	150 元
5.	跆拳道	蕭京凌編譯	180 元
6.	正傳合氣道	程曉鈴譯	200 元
7.	圖解雙節棍	陳銘遠著	150 元
8.	格鬥空手道	鄭旭旭編著	200 元
9.	實用跆拳道	陳國榮編著	200 元
10.	武術初學指南	李文英、解守德編著	250 元
11.	泰國拳	陳國榮著	180 元
12.	中國式摔跤	黃　斌編著	180 元
13.	太極劍入門	李德印編著	180 元
14.	太極拳運動	運動司編	250 元
15.	太極拳譜	清・王宗岳等著	280 元
16.	散手初學	冷　峰編著	200 元
17.	南拳	朱瑞琪編著	180 元
18.	吳式太極劍	王培生著	200 元
19.	太極拳健身和技擊	王培生著	250 元
20.	秘傳武當八卦掌	狄兆龍著	250 元
21.	太極拳論譚	沈　壽著	250 元
22.	陳式太極拳技擊法	馬　虹著	250 元
23.	二十四式 三十二式 太極 拳 劍	闞桂香著	180 元
24.	楊式秘傳 129 式太極長拳	張楚全著	280 元
25.	楊式太極拳架詳解	林炳堯著	280 元

26.	華佗五禽劍	劉時榮著	180 元
27.	太極拳基礎講座:基本功與簡化 24 式	李德印著	250 元
28.	武式太極拳精華	薛乃印著	200 元
29.	陳式太極拳拳理闡微	馬　虹著	350 元
30.	陳式太極拳體用全書	馬　虹著	400 元
31.	張三豐太極拳	陳占奎著	200 元
32.	中國太極推手	張　山主編	300 元
33.	48 式太極拳入門	門惠豐編著	220 元

・原地太極拳系列・電腦編號 11

1.	原地綜合太極拳 24 式	胡啓賢創編	220 元
2.	原地活步太極拳 42 式	胡啓賢創編	200 元
3.	原地簡化太極拳 24 式	胡啓賢創編	200 元
4.	原地太極拳 12 式	胡啓賢創編	200 元

・道 學 文 化・電腦編號 12

1.	道在養生：道教長壽術	郝　勤等著	250 元
2.	龍虎丹道：道教內丹術	郝　勤著	300 元
3.	天上人間：道教神仙譜系	黃德海著	250 元
4.	步罡踏斗：道教祭禮儀典	張澤洪著	250 元
5.	道醫窺秘：道教醫學康復術	王慶餘等著	250 元
6.	勸善成仙：道教生命倫理	李　剛著	250 元
7.	洞天福地：道教宮觀勝境	沙銘壽著	250 元
8.	青詞碧簫：道教文學藝術	楊光文等著	250 元
9.	沈博絕麗：道教格言精粹	朱耕發等著	250 元

・秘傳占卜系列・電腦編號 14

1.	手相術	淺野八郎著	180 元
2.	人相術	淺野八郎著	180 元
3.	西洋占星術	淺野八郎著	180 元
4.	中國神奇占卜	淺野八郎著	150 元
5.	夢判斷	淺野八郎著	150 元
6.	前世、來世占卜	淺野八郎著	150 元
7.	法國式血型學	淺野八郎著	150 元
8.	靈感、符咒學	淺野八郎著	150 元
9.	紙牌占卜學	淺野八郎著	150 元
10.	ESP 超能力占卜	淺野八郎著	150 元
11.	猶太數的秘術	淺野八郎著	150 元
12.	新心理測驗	淺野八郎著	160 元
13.	塔羅牌預言秘法	淺野八郎著	200 元

・趣味心理講座・電腦編號 15

1.	性格測驗　探索男與女	淺野八郎著	140 元
2.	性格測驗　透視人心奧秘	淺野八郎著	140 元
3.	性格測驗　發現陌生的自己	淺野八郎著	140 元
4.	性格測驗　發現你的真面目	淺野八郎著	140 元
5.	性格測驗　讓你們吃驚	淺野八郎著	140 元
6.	性格測驗　洞穿心理盲點	淺野八郎著	140 元
7.	性格測驗　探索對方心理	淺野八郎著	140 元
8.	性格測驗　由吃認識自己	淺野八郎著	160 元
9.	性格測驗　戀愛知多少	淺野八郎著	160 元
10.	性格測驗　由裝扮瞭解人心	淺野八郎著	160 元
11.	性格測驗　敲開內心玄機	淺野八郎著	140 元
12.	性格測驗　透視你的未來	淺野八郎著	160 元
13.	血型與你的一生	淺野八郎著	160 元
14.	趣味推理遊戲	淺野八郎著	160 元
15.	行爲語言解析	淺野八郎著	160 元

・婦 幼 天 地・電腦編號 16

1.	八萬人減肥成果	黃靜香譯	180 元
2.	三分鐘減肥體操	楊鴻儒譯	150 元
3.	窈窕淑女美髮秘訣	柯素娥譯	130 元
4.	使妳更迷人	成　玉譯	130 元
5.	女性的更年期	官舒妍編譯	160 元
6.	胎內育兒法	李玉瓊編譯	150 元
7.	早產兒袋鼠式護理	唐岱蘭譯	200 元
8.	初次懷孕與生產	婦幼天地編譯組	180 元
9.	初次育兒 12 個月	婦幼天地編譯組	180 元
10.	斷乳食與幼兒食	婦幼天地編譯組	180 元
11.	培養幼兒能力與性向	婦幼天地編譯組	180 元
12.	培養幼兒創造力的玩具與遊戲	婦幼天地編譯組	180 元
13.	幼兒的症狀與疾病	婦幼天地編譯組	180 元
14.	腿部苗條健美法	婦幼天地編譯組	180 元
15.	女性腰痛別忽視	婦幼天地編譯組	150 元
16.	舒展身心體操術	李玉瓊編譯	130 元
17.	三分鐘臉部體操	趙薇妮著	160 元
18.	生動的笑容表情術	趙薇妮著	160 元
19.	心曠神怡減肥法	川津祐介著	130 元
20.	內衣使妳更美麗	陳玄茹譯	130 元
21.	瑜伽美姿美容	黃靜香編著	180 元
22.	高雅女性裝扮學	陳珮玲譯	180 元
23.	蠶糞肌膚美顏法	梨秀子著	160 元

24. 認識妳的身體	李玉瓊譯	160 元
25. 產後恢復苗條體態	居理安・芙萊喬著	200 元
26. 正確護髮美容法	山崎伊久江著	180 元
27. 安琪拉美姿養生學	安琪拉蘭斯博瑞著	180 元
28. 女體性醫學剖析	增田豐著	220 元
29. 懷孕與生產剖析	岡部綾子著	180 元
30. 斷奶後的健康育兒	東城百合子著	220 元
31. 引出孩子幹勁的責罵藝術	多湖輝著	170 元
32. 培養孩子獨立的藝術	多湖輝著	170 元
33. 子宮肌瘤與卵巢囊腫	陳秀琳編著	180 元
34. 下半身減肥法	納他夏・史達賓著	180 元
35. 女性自然美容法	吳雅菁編著	180 元
36. 再也不發胖	池園悅太郎著	170 元
37. 生男生女控制術	中垣勝裕著	220 元
38. 使妳的肌膚更亮麗	楊　皓編著	170 元
39. 臉部輪廓變美	芝崎義夫著	180 元
40. 斑點、皺紋自己治療	高須克彌著	180 元
41. 面皰自己治療	伊藤雄康著	180 元
42. 隨心所欲瘦身冥想法	原久子著	180 元
43. 胎兒革命	鈴木丈織著	180 元
44. NS 磁氣平衡法塑造窈窕奇蹟	古屋和江著	180 元
45. 享瘦從腳開始	山田陽子著	180 元
46. 小改變瘦 4 公斤	宮本裕子著	180 元
47. 軟管減肥瘦身	高橋輝男著	180 元
48. 海藻精神秘美容法	劉名揚編著	180 元
49. 肌膚保養與脫毛	鈴木真理著	180 元
50. 10 天減肥 3 公斤	彤雲編輯組	180 元
51. 穿出自己的品味	西村玲子著	280 元
52. 小孩髮型設計	李芳黛譯	250 元

・青 春 天 地・電腦編號 17

1. A 血型與星座	柯素娥編譯	160 元
2. B 血型與星座	柯素娥編譯	160 元
3. O 血型與星座	柯素娥編譯	160 元
4. AB 血型與星座	柯素娥編譯	120 元
5. 青春期性教室	呂貴嵐編譯	130 元
7. 難解數學破題	宋釗宜編譯	130 元
9. 小論文寫作秘訣	林顯茂編譯	120 元
11.中學生野外遊戲	熊谷康編著	120 元
12.恐怖極短篇	柯素娥編譯	130 元
13.恐怖夜話	小毛驢編譯	130 元
14.恐怖幽默短篇	小毛驢編譯	120 元
15.黑色幽默短篇	小毛驢編譯	120 元

16.靈異怪談 小毛驢編譯 130 元
17.錯覺遊戲 小毛驢編著 130 元
18.整人遊戲 小毛驢編著 150 元
19.有趣的超常識 柯素娥編譯 130 元
20.哦！原來如此 林慶旺編譯 130 元
21.趣味競賽 100 種 劉名揚編譯 120 元
22.數學謎題入門 宋釗宜編譯 150 元
23.數學謎題解析 宋釗宜編譯 150 元
24.透視男女心理 林慶旺編譯 120 元
25.少女情懷的自白 李桂蘭編譯 120 元
26.由兄弟姊妹看命運 李玉瓊編譯 130 元
27.趣味的科學魔術 林慶旺編譯 150 元
28.趣味的心理實驗室 李燕玲編譯 150 元
29.愛與性心理測驗 小毛驢編譯 130 元
30.刑案推理解謎 小毛驢編譯 180 元
31.偵探常識推理 小毛驢編譯 180 元
32.偵探常識解謎 小毛驢編譯 130 元
33.偵探推理遊戲 小毛驢編譯 180 元
34.趣味的超魔術 廖玉山編著 150 元
35.趣味的珍奇發明 柯素娥編著 150 元
36.登山用具與技巧 陳瑞菊編著 150 元
37.性的漫談 蘇燕謀編著 180 元
38.無的漫談 蘇燕謀編著 180 元
39.黑色漫談 蘇燕謀編著 180 元
40.白色漫談 蘇燕謀編著 180 元

·健康天地· 電腦編號 18

1. 壓力的預防與治療 柯素娥編譯 130 元
2. 超科學氣的魔力 柯素娥編譯 130 元
3. 尿療法治病的神奇 中尾良一著 130 元
4. 鐵證如山的尿療法奇蹟 廖玉山譯 120 元
5. 一日斷食健康法 葉慈容編譯 150 元
6. 胃部強健法 陳炳崑譯 120 元
7. 癌症早期檢查法 廖松濤譯 160 元
8. 老人痴呆症防止法 柯素娥編譯 130 元
9. 松葉汁健康飲料 陳麗芬編譯 130 元
10. 揉肚臍健康法 永井秋夫著 150 元
11. 過勞死、猝死的預防 卓秀貞編譯 130 元
12. 高血壓治療與飲食 藤山順豐著 180 元
13. 老人看護指南 柯素娥編譯 150 元
14. 美容外科淺談 楊啓宏著 150 元
15. 美容外科新境界 楊啓宏著 150 元
16. 鹽是天然的醫生 西英司郎著 140 元

17. 年輕十歲不是夢	梁瑞麟譯	200 元
18. 茶料理治百病	桑野和民著	180 元
19. 綠茶治病寶典	桑野和民著	150 元
20. 杜仲茶養顏減肥法	西田博著	170 元
21. 蜂膠驚人療效	瀨長良三郎著	180 元
22. 蜂膠治百病	瀨長良三郎著	180 元
23. 醫藥與生活	鄭炳全著	180 元
24. 鈣長生寶典	落合敏著	180 元
25. 大蒜長生寶典	木下繁太郎著	160 元
26. 居家自我健康檢查	石川恭三著	160 元
27. 永恆的健康人生	李秀鈴譯	200 元
28. 大豆卵磷脂長生寶典	劉雪卿譯	150 元
29. 芳香療法	梁艾琳譯	160 元
30. 醋長生寶典	柯素娥譯	180 元
31. 從星座透視健康	席拉・吉蒂斯著	180 元
32. 愉悅自在保健學	野本二士夫著	160 元
33. 裸睡健康法	丸山淳士等著	160 元
34. 糖尿病預防與治療	藤田順豐著	180 元
35. 維他命長生寶典	菅原明子著	180 元
36. 維他命 C 新效果	鐘文訓編	150 元
37. 手、腳病理按摩	堤芳朗著	160 元
38. AIDS 瞭解與預防	彼得塔歇爾著	180 元
39. 甲殼質殼聚糖健康法	沈永嘉譯	160 元
40. 神經痛預防與治療	木下真男著	160 元
41. 室內身體鍛鍊法	陳炳崑編著	160 元
42. 吃出健康藥膳	劉大器編著	180 元
43. 自我指壓術	蘇燕謀編著	160 元
44. 紅蘿蔔汁斷食療法	李玉瓊編著	150 元
45. 洗心術健康秘法	竺翠萍編譯	170 元
46. 枇杷葉健康療法	柯素娥編譯	180 元
47. 抗衰血癒	楊啟宏著	180 元
48. 與癌搏鬥記	逸見政孝著	180 元
49. 冬蟲夏草長生寶典	高橋義博著	170 元
50. 痔瘡・大腸疾病先端療法	宮島伸宜著	180 元
51. 膠布治癒頑固慢性病	加瀨建造著	180 元
52. 芝麻神奇健康法	小林貞作著	170 元
53. 香煙能防止癡呆？	高田明和著	180 元
54. 穀菜食治癌療法	佐藤成志著	180 元
55. 貼藥健康法	松原英多著	180 元
56. 克服癌症調和道呼吸法	帶津良一著	180 元
57. B 型肝炎預防與治療	野村喜重郎著	180 元
58. 青春永駐養生導引術	早島正雄著	180 元
59. 改變呼吸法創造健康	原久子著	180 元
60. 荷爾蒙平衡養生秘訣	出村博著	180 元

61. 水美肌健康法	井戶勝富著	170 元
62. 認識食物掌握健康	廖梅珠編著	170 元
63. 痛風劇痛消除法	鈴木吉彥著	180 元
64. 酸莖菌驚人療效	上田明彥著	180 元
65. 大豆卵磷脂治現代病	神津健一著	200 元
66. 時辰療法—危險時刻凌晨 4 時	呂建強等著	180 元
67. 自然治癒力提升法	帶津良一著	180 元
68. 巧妙的氣保健法	藤平墨子著	180 元
69. 治癒 C 型肝炎	熊田博光著	180 元
70. 肝臟病預防與治療	劉名揚編著	180 元
71. 腰痛平衡療法	荒井政信著	180 元
72. 根治多汗症、狐臭	稻葉益巳著	220 元
73. 40 歲以後的骨質疏鬆症	沈永嘉譯	180 元
74. 認識中藥	松下一成著	180 元
75. 認識氣的科學	佐佐木茂美著	180 元
76. 我戰勝了癌症	安田伸著	180 元
77. 斑點是身心的危險信號	中野進著	180 元
78. 艾波拉病毒大震撼	玉川重德著	180 元
79. 重新還我黑髮	桑名隆一郎著	180 元
80. 身體節律與健康	林博史著	180 元
81. 生薑治萬病	石原結實著	180 元
82. 靈芝治百病	陳瑞東著	180 元
83. 木炭驚人的威力	大槻彰著	200 元
84. 認識活性氧	井土貴司著	180 元
85. 深海鮫治百病	廖玉山編著	180 元
86. 神奇的蜂王乳	井上丹治著	180 元
87. 卡拉 OK 健腦法	東潔著	180 元
88. 卡拉 OK 健康法	福田伴男著	180 元
89. 醫藥與生活	鄭炳全著	200 元
90. 洋蔥治百病	宮尾興平著	180 元
91. 年輕 10 歲快步健康法	石塚忠雄著	180 元
92. 石榴的驚人神效	岡本順子著	180 元
93. 飲料健康法	白鳥早奈英著	180 元
94. 健康棒體操	劉名揚編譯	180 元
95. 催眠健康法	蕭京凌編著	180 元
96. 鬱金（美王）治百病	水野修一著	180 元
97. 醫藥與生活	鄭炳全著	200 元

·實用女性學講座·電腦編號 19

1. 解讀女性內心世界	島田一男著	150 元
2. 塑造成熟的女性	島田一男著	150 元
3. 女性整體裝扮學	黃靜香編著	180 元
4. 女性應對禮儀	黃靜香編著	180 元

5.	女性婚前必修	小野十傳著	200 元
6.	徹底瞭解女人	田口二州著	180 元
7.	拆穿女性謊言 88 招	島田一男著	200 元
8.	解讀女人心	島田一男著	200 元
9.	俘獲女性絕招	志賀貢著	200 元
10.	愛情的壓力解套	中村理英子著	200 元
11.	妳是人見人愛的女孩	廖松濤編著	200 元

・校園系列・電腦編號 20

1.	讀書集中術	多湖輝著	180 元
2.	應考的訣竅	多湖輝著	150 元
3.	輕鬆讀書贏得聯考	多湖輝著	150 元
4.	讀書記憶秘訣	多湖輝著	180 元
5.	視力恢復！超速讀術	江錦雲譯	180 元
6.	讀書 36 計	黃柏松編著	180 元
7.	驚人的速讀術	鐘文訓編著	170 元
8.	學生課業輔導良方	多湖輝著	180 元
9.	超速讀超記憶法	廖松濤編著	180 元
10.	速算解題技巧	宋釗宜編著	200 元
11.	看圖學英文	陳炳崑編著	200 元
12.	讓孩子最喜歡數學	沈永嘉譯	180 元
13.	催眠記憶術	林碧清譯	180 元
14.	催眠速讀術	林碧清譯	180 元
15.	數學式思考學習法	劉淑錦譯	200 元
16.	考試憑要領	劉孝暉著	180 元
17.	事半功倍讀書法	王毅希著	200 元
18.	超金榜題名術	陳蒼杰譯	200 元
19.	靈活記憶術	林耀慶編著	180 元

・實用心理學講座・電腦編號 21

1.	拆穿欺騙伎倆	多湖輝著	140 元
2.	創造好構想	多湖輝著	140 元
3.	面對面心理術	多湖輝著	160 元
4.	偽裝心理術	多湖輝著	140 元
5.	透視人性弱點	多湖輝著	140 元
6.	自我表現術	多湖輝著	180 元
7.	不可思議的人性心理	多湖輝著	180 元
8.	催眠術入門	多湖輝著	150 元
9.	責罵部屬的藝術	多湖輝著	150 元
10.	精神力	多湖輝著	150 元
11.	厚黑說服術	多湖輝著	150 元

國家圖書館出版品預行編目資料

服務・所以成功／中谷彰宏著；陳蒼杰譯
－初版－臺北市，大展，2001 年（民 90）
面；21 公分－（超經營新智慧；13）
譯自：ここまでは誰でもやる
ISBN 957-468-048-7（平裝）
1. 消費心理學

496.34　　89017042

KOKO MADE WA DARE DEMO YARU by Akihiro Nakatani
Copyright © 1999 by Akihiro Nakatani
All rights reserved
First published in Japan in 1999 by PHP Institute, Inc.
Chinese translation rights arranged with Akihiro Nakatani
through Japan Foreign-Rights Centre/Hongzu Enterprise Co., Ltd.

【版權所有・翻印必究】

服務・所以成功

ISBN 957-468-048-7

著　　者／中谷彰宏
譯　　者／陳　蒼　杰
出 版 者／大展出版社有限公司
社　　址／台北市北投區（石牌）致遠一路 2 段 12 巷 1 號
電　　話／(02) 28236031・28236033・28233123
傳　　真／(02) 28272069
郵政劃撥／01669551
登 記 證／局版臺業字第 2171 號
E-mail／dah-jaan@ms9.tisnet.net.tw
承 印 者／高星印刷品行
裝　　訂／日新裝訂所
排 版 者／千兵企業有限公司
初版1刷／2001 年（民 90 年） 1 月

定　價／200 元

●本書若有破損、缺頁敬請寄回本社更換●

大展好書 好書大展

大展好書 好書大展